AGRICULTURE EXPÉRIMENTALE,

A l'usage des Agriculteurs, Fermiers & Laboureurs;

PAR M. SARCEY DE SUTIERES,

ANCIEN GENTILHOMME SERVANT DU ROI.

A PARIS.

Chez CLAUDE HERISSANT, Libraire-Imprimeur, rue Neuve Notre-Dame, à la Croix d'or.

M. DCC. LXV.

Avec Approbation & Privilege du Roi.

LETTRE DE M. SARCEY DE SUTIERES,

ANCIEN GENTILHOMME SERVANT DU ROI,

A M. THIERY DOCTEUR DE LA FACULTÉ DE MÉDECINE DE PARIS, ET MÉDECIN CONSULTANT DU ROI,

Sur plusieurs objets d'Agriculture, & principalement sur la cause la plus fréquente des maladies des bestiaux.

VOUS avez désiré, Monsieur, que je donnasse au Public les Observations que l'expérience & mon goût pour l'Agriculture m'ont fournies ſur cet Art ſi néceſſaire. Vous me citiez un beau paſſage de Celſe. * Vous croyez que l'Agriculture & la Médecine ſe doivent prêter des ſecours mutuels pour la conſervation & l'augmentation de notre eſpèce. Je me ſuis rendu à vos ſollicitations, Monſieur, & je vais publier le réſultat des faits que m'ont fournis plus de vingt années d'expérience. Permettez que je vous donne ici une idée générale de mon Ouvrage ; cela ſuffira pour vous prouver que je n'ai négligé aucune des queſtions importantes que vous m'avez faites ſur les maladies des beſtiaux, ſur celles des bleds, & ſur tous

* Ut alimenta ſanis corporibus Agricultura, ſic ſanitatem ægris Medicina promittit. *A. Cornel. Celſus, in Præfat. Lib. I. de Medicina.*

les moyens de faire prospérer l'Agriculture.

Je commence par les maladies épidémiques des bestiaux. Je fais voir qu'en général ils n'en sont affligés, que parce qu'on les conduit souvent dans des pâturages sur lesquels les influences de l'air, les vapeurs & les exhalaisons de la terre ont déposé une sorte de venin visible, qui a plus ou moins de malignité relativement aux saisons, aux climats & aux circonstances des lieux & des tems.

Les prés artificiels, tels que la luzerne, le sainfoin, le trefle, sont plus susceptibles que les autres de l'impression de ce venin; parce que leurs feuilles plus larges, plus épaisses & plus dures que celles des prés naturels, le conservent plus long-tems. Conséquemment il y a toujours des inconvéniens à envoyer les bestiaux pâturer dans ces sortes de prés, sur-tout depuis la fin de Septembre jusqu'à la fin de Mars : saisons où les brouillards, les influences de l'air & les vapeurs de la terre sont plus fréquens & plus dangereux que dans d'autres tems. Je démontre l'inutilité de ces mêmes prés artificiels, & combien ils sont préjudiciables dans plusieurs Provinces de ce Royaume, & encore plus dans le Nord.

Vous trouverez dans mon Ouvrage, Monsieur, les moyens que j'ai employés pour préserver dans tous les tems mes bestiaux de toutes ces maladies, soit par les alimens que je leur ai fait donner, & que m'ont procurés d'abondantes récoltes, soit par l'attention que j'ai toujours eue de ne pas les laisser communiquer avec les bestiaux malades de mes voisins. Vous pensez comme moi, Monsieur, que la chair infectée de ces animaux & les mauvais grains sont la cause d'un grand nombre de maladies malheureusement si communes dans nos campagnes : aussi en verrez-vous des preuves convaincantes dans mon Ouvrage.

J'ai fait aussi quelques découvertes sur les engrais que l'on peut substituer aux fumiers, j'indique les moyens de les appliquer à chaque nature de terre, & de quelle manière j'ai fait labourer, semer & arranger ces mêmes terres ; ce qui m'a toujours produit des récoltes plus abondantes qu'à tous les habitans du même pays, quoique mes terres soient inférieures aux leurs. Je parle des moyens que j'ai employés pour garantir le bled de la bruïne, & empêcher l'yvraie & autres mauvaiſes graines d'y faire des productions.

Je prouve que quelque mauvaiſes que ſoient nos terres, même celles de tout le Royaume, on peut, en y employant les engrais convenables, les cultiver toutes, & récolter, comme dans la France, la Brie & pluſieurs autres Provinces : façon qui m'a toujours procuré une double récolte.

Je crois avoir démontré une méthode ſûre pour mettre une récolte à l'abri des rigueurs des différentes ſaiſons.

On verra ce que j'ai fait pour garder des bleds pendant quatre à cinq années, ſans preſque aucun frais, & ſans en altérer la qualité, ni la bonté ; de ſorte qu'ils peuvent après cette eſpace de tems ſervir à la ſemence, comme ceux d'une nouvelle récolte. J'indique les moyens que j'ai employés pour rendre ſains & améliorer tant les prés bas que les prés hauts, ſans avoir beſoin d'y mettre ni fumier, ni engrais autres que ceux que la nature procure à ces ſortes de prés.

J'annonce tout ce que j'ai fait faire pour les différens défrichemens, ſans en brûler, deſſécher, ni altérer les ſucs & les ſels, & les produits multipliés que j'en ai tirés pendant pluſieurs années, ſans avoir beſoin d'aucuns engrais : défrichemens que j'ai fait faire preſque ſans art & ſans frais. Vous y verrez quels ſont les engrais que j'ai employés dans mon potager, & qui m'ont produit beaucoup de toutes ſortes de légumes, & meilleurs que les fumiers les plus abondans & les plus excellens n'en pourroient procurer.

Enfin je publie tous les moyens dont je me ſuis ſervi, pour faire perdre les ſources & moulières qui ſe trouvent quelquefois dans les terres, ainſi que pour détruire toutes les vermines qui mangent une grande partie des récoltes, & celles dont les granges ſont ordinairement infectées, comme les rats, ſouris, mulots, charanſons.

J'ai l'honneur d'être, &c.

AGRICULTURE
EXPÉRIMENTALE.

ON a beaucoup écrit, on écrit encore tous les jours; & tant que la mode en durera, on ne cessera sans doute d'écrire sur l'Agriculture. Mais pour qui toutes ces théories savantes, & ces systêmes de cultivation se multiplient-ils continuellement? Est-ce pour le Laboureur? Il a sa routine qu'il suit sans jamais s'en écarter. Il ne lit point de Livres: ou si par hazard il jette les yeux sur quelques-uns, souvent il ne les entend pas, ou très-peu. Est-ce pour l'amateur, ou pour celui qui voudra faire valoir ses terres par lui-même? Quelqu'intelligence qu'on ait, si l'on n'est un peu Laboureur, c'eſt-à-dire, ſi l'on n'a point pris ſur les lieux des idées juſtes du Labourage, on court riſque de mal appliquer ce qu'on aura lu, ou de tout gâter en cherchant à rafiner.

Pour moi, abandonnant aux ſpéculatifs le ſoin de preſcrire du fond de leur cabinet de nouvelles loix au Laboureur, & quelquefois même à la nature, je ne renfermerai dans cet Ouvrage que les obſervations que plus de vingt ans de pratique & d'expérience m'ont procuré. Je n'y rapporterai que des faits dont je ſuis témoin depuis 1742, que mon goût pour l'Agriculture m'a fait reprendre l'occupation primitive & naturelle de l'homme, c'eſt-à-dire, depuis que je ſuis devenu Laboureur; j'ai fait valoir & j'ai conduit une des Fermes de la Terre de Ville-pariſis, qui eſt à moitié chemin de la route de Paris à Meaux. Je me ſuis enſuite chargé de la Terre de Belle-Fontaine, ſituée vis-à-vis de Montereau Faut-Yonne, à deux lieuës de Morel en Gâtinois; & je la gouverne depuis 1759. Ainſi j'ai commencé par m'instruire en opérant moi-même avant de vouloir instruire les autres. Tels sont les titres que j'ai pour écrire sur la seule pratique d'un art, sur lequel tout le monde aujourd'hui veut faire des Livres. Mon Ouvrage est donc autant l'histoire de mes travaux que le résultat de mes succès.

CHAPITRE PREMIER.

Des maladies des Bestiaux. Causes des épidémies & contagions.

LES bestiaux étant la base & les principaux instrumens de l'Agriculture, j'ai cru devoir fixer d'abord l'attention de mes Lecteurs sur cet objet intéressant, & les occuper de leur conservation.

Il ne faut pas chercher bien loin la cause des maladies contagieuses, qui font depuis plusieurs années tant de ravages parmi les bestiaux. Elles ne proviennent certainement que des mauvaises pâtures, des prairies artificielles, &c. dans lesquelles on les conduit, sans examiner auparavant s'il n'y a aucune rouille sur la luzerne, le sainfoin, le tréfle, & sur les autres herbages. Cette sorte de rouille est toujours produite, soit par de mauvaises vapeurs & exhalaisons de la terre, soit par les vents mal-sains que les paysans nomment *roux-vents*, soit par les brouillards & l'air infecté qui passent sur certaines contrées. Il n'arrive que trop souvent que les Vaches qui sortent de ces pâturages, se trouvent comme empoisonnées de cette rouille. Les unes enflent bientôt & crèvent; d'autres n'ont que la bouche & la langue malades : enfin il y en a qui ont toute la tête douloureuse au bout de quatre ou cinq heures, & le mal devient quelquefois incurable.

Les Moutons d'autre part attrapent la clavelée ou le claveau. Quelques-uns deviennent enflés, & périssent aussi-tôt. D'autres sont attaqués par la tête : & le mal que les Bergers appellent *coup-de-sang*, donne des étourdissemens dont ils meurent quelques jours après. Ceux qui supportent le mieux le mal, sont précisément les plus dangereux, parce qu'ils le communiquent aux autres. De-là cette contagion qui se répand dans tout un pays, qui s'étend de proche en proche, & qui infecte souvent des Provinces entières, & même tout le Royaume.

Il y a encore une autre maladie qui n'eſt que trop commune aux Moutons : c'eſt la pourriture. Quoique cette maladie ne ſe communique que peu ſouvent, néanmoins un troupeau en périt preſqu'en entier. On a la douleur de voir cet effet funeſte cinq ou ſix mois après qu'on l'a conduit dans des pâturages dont les productions ne ſont occaſionnées que par l'abondance des pluies, c'eſt-à-dire, les herbes qui pouſſent dans les mois de Septembre & d'Octobre ; & voici ce qui y donne occaſion. Les Fermiers du Gâtinois & de bien d'autres Provinces font preſque tous faucher leurs avoines & les autres grains de Mars. Malgré l'attention de celui qu'on emploie pour cette opération, il en fait tomber au moins la ſemence par la ſecouſſe que ſa faulx donne à la tige. Pendant douze ou quinze jours que les grains reſtent en javelle ſur la terre, l'herbe & le grain qui eſt tombé pouſſent ; l'un & l'autre s'entrelaſſent dans les javelles, de ſorte qu'on ne peut les arracher qu'en forçant le rateau. On en fait encore au moins égrainer la ſemence. Voilà donc à peu-près six bichets * par arpent d'avoine répandus sur la terre. Les pluies tombent ensuite. Comme la terre n'est point labourée, & qu'elle n'a presque plus de séve, les productions qu'elle donne ne tirent de nourriture que de l'eau. Pour épargner les fourages secs, on y fait aller les troupeaux de très-bonne heure. Ces animaux qui trouvent cette production tendre & délicate, en mangent, même avec excès. Comme ce n'est presque que de l'eau, ils se pourrissent insensiblement. Dès que le Printems commence, la terre devient en séve. Elle produit de nouvelles herbes qui renferment toute la force dont elles sont susceptibles. A peine en ont-ils mangé quelques jours, que n'en pouvant point soutenir les sucs & les sels, ils dépérissent peu à peu, & le troupeau devient à rien. J'ai vu plusieurs fois cet accident, mais sur-tout en 1762. Un Fermier de mon canton a perdu tout son troupeau pour l'avoir fait con-

* Le bichet est une mesure qui pese environ 40 livres. Il faut six bichets pour faire le septier de Paris.

duire dans des pâturages d'où l'on avoit nouvellement enlevé les avoines. S'il avoit eu l'attention de faire donner du fourage ſec à ſes Moutons avant de les envoyer dans ces champs, il n'auroit perdu que les plus vieux, les plus foibles, & ceux qui étoient les plus mal-ſains. Mais il les auroit tous conſervés en ne les y laiſſant point aller.

Que ce ſoient les mauvaiſes exhalaiſons de la terre, les brouillards, la bruïne, les tems humides, & les autres influences de l'air qui corrompent les pâturages, je m'en ſuis bien des fois pleinement convaincu, ſur-tout vers la fin de Février de l'année dernière. Comme j'étois occupé dans les champs à faire travailler des ouvriers dans deux jours différens, je remarquai le matin une vapeur en forme de brouillard qui s'élevoit ſur 25 ou 30 arpents de nos prés, & de ceux de Flagy à trois ou quatre pieds de terre. Cette vapeur ne fut pas long-tems ſans diſparoître & ſe dépoſer. J'allai dans l'endroit où je l'avois remarquée : j'y arrachai pluſieurs feuilles d'herbe, ſur leſquelles je trouvai la rouïlle blanche dont je viens de parler. Je portai mes pas plus loin sur un champ où je n'avois point apperçu le brouillard. Je n'y trouvai pas la moindre rouille. Or la preuve que cette rouille, en infectant les pâturages, cause les maladies des bestiaux, c'est que les Fermiers & Laboureurs des Villages voisins ont actuellement une partie de leurs bestiaux malades, & qu'il leur en meurt beaucoup tous les ans, tandis que les miens sont dans le meilleur état.

Les prés bas qui sont négligés & dans lesquels on ne fait ni saignées ni fossés pour faire écouler les eaux qui croupissent, sont évidemment plus sujets que les autres terreins à ces sortes d'exhalaisons. D'ailleurs le mauvais état où ils sont, à cause de la mousse qui épuise la substance du sol, ou qui en arrête la végétation, ne leur permet pas de pousser autre chose que de mauvaises herbes, dont le suc étant corrompu dans son principe, infecte à la longue les bestiaux qui s'en nourrissent.

Ainsi tant que les Laboureurs & les Fermiers du Gâtinois & des autres

Provinces négligeront la partie essentielle des pâturages, ils auront toujours des mortalités ou des contagions dont se ressentiront leurs voisins. Aussi ai-je expérimenté depuis 1742, qu'en s'abstenant, sur-tout depuis la fin de Septembre jusqu'au mois d'Avril, d'envoyer les Vaches & les Moutons paître dans les tems de brouillard & de rouille, on les préservoit de toutes sortes de maladies pestilentielles. On peut pendant ces six mois les nourrir de fourages secs, comme de paille de froment, ou de gros méteil pour les troupeaux; & pour les Vaches de fourage d'avoine, de paille de petit méteil & de seigle, de paille au van, & de paille d'orge. En les gouvernant de cette manière, & même en donnant le matin à la fin de l'Automne & pendant l'Hiver aux bestiaux un peu de ces différens fourages avant que de les envoyer aux champs, les jours qu'on peut le faire sans courir aucun risque, non-seulement on les garantira de beaucoup de maladies, mais ils seront encore plus gras, & la chair en sera meilleure : car les pâturages dans ces deux saisons sont toujours détrempés d'une humidité très-malſaine qui les pourrit, & qui, ſi elle n'eſt pas toujours mortelle aux beſtiaux, leur eſt du moins très-nuiſible.

L'herbe des champs & les prés hauts ſont moins dangereux. Il ne faut pour les ſecher qu'un rayon de ſoleil ; parce que les feuilles des herbes n'étant pas ſi larges ni ſi épaiſſes que celles de la luzerne, du ſainfoin, &c. retiennent moins l'humidité & la rouille. Au ſurplus il y a des pays plus ſujets les uns que les autres à toutes ces ſortes d'influences. L'Italie même n'en eſt pas exempte ; & certains cantons qui avoiſinent la mer, en ſont principalement affectés. Auſſi m'a-t-on aſſuré que les habitans y perdent beaucoup de bétail dans les mois de Septembre & de Novembre ; ce qui n'arriveroit jamais, ſi l'on n'envoyoit les beſtiaux aux champs que par un beau ſoleil, une petite gêlée, ou après une forte pluie, capables de ſecher, d'enlever, ou de laver la rouille dépoſée ſur les herbes, & après leur avoir donné des fourages ſecs des granges.

Quand il court de ces maladies qui

sont apportées souvent par des bestiaux étrangers qu'on amène dans les Foires pour les vendre, il faut soigneusement éviter que les autres ayent quelque communication avec eux, jusqu'à ce que l'on se soit assuré de leur santé. Voilà le moyen de les préserver sûrement de toutes maladies contagieuses. C'est une expérience que j'ai faite depuis 1742, jusqu'en 1751; tems où j'ai fait valoir par moi-même une partie de la terre de Ville-parisis. Dans une de ces années il survint une maladie si contagieuse sur les Vaches, & d'un effet si rapide, que lorsqu'un Fermier avoit une seule de ces Vaches malade, en eut-il eu cent, il les perdoit toutes, sans qu'aucune pût échapper. J'ai vu pareil accident arriver à notre Fermière de Gressy près de Claie. Cette Fermière avoit trente Vaches. Elle s'avisa dans ce tems d'acheter six Génisses. Nous lui conseillâmes, M. le Prieur de Gressy & moi, de tenir ces six Génisses séparées de ses autres Vaches. Elle nous répondit qu'elle les avoit achetées d'un homme qui avoit de bons certificats, qui portoient que la maladie contagieuse n'étoit point dans son pays. Nous eumes beau lui représenter que ces Génisses pouvoient l'avoir contractée par la seule communication avec celles qu'elles avoient trouvées en chemin pour venir en Foire, ou pour avoir pâturé dans des endroits ou d'autres Vaches ou Génisses attaquées de la maladie contagieuse avoient été paître. Elle s'obstina à les faire mettre dans la même étable que ses autres Vaches. Ce que nous craignions pour ces bestiaux, ne tarda point à se manifester. Cette Fermière, ainsi que bien d'autres, perdit & ses Génisses & ses Vaches. Mais ce qui fait voir que ce n'est que par la communication de ces six Génisses qu'elle voulut, malgré nos avis, mettre avec ses Vaches, qu'elles périrent toutes, c'est que M. le Prieur de Gressy qui faisoit valoir son bénéfice, & qui avoit huit ou dix Vaches logées à la distance au plus de 20 toises de celles de la Fermière, n'en perdit pas une. Il avoit soin de ne les laisser sortir que dans sa basse-cour, ainsi que dans son jardin, & dans celui d'un de ses voisins où il y avoit un peu de pâturage. On ne les y laissoit même que très-peu de tems, & seulement pour prendre l'air & boire. Elles étoient enſuite renfermées dans leurs étables, où elles trouvoient leurs auges garnies des nourritures que j'ai indiquées plus haut. Au moyen de ces précautions M. le Prieur conſerva toutes ſes Vaches.

Pendant que ce que je viens de dire ſe paſſoit à Greſſy, Ville-pariſis où je réſidois n'étoit pas exempt de la maladie des Vaches, & beaucoup d'habitans & Fermiers en perdoient. J'en avois une quinzaine tant au Château que j'occupois, qu'à la Ferme que je faiſois valoir. J'obſervai de point en point tout ce que je viens de dire. Je leur fis donner pendant plus de deux mois des différentes pailles de la grange, & cependant on ne les menoit point ailleurs que dans le parc, tant pour les faire boire & leur faire prendre l'air, que pour pâturer dans les dix arpens de pré dont il eſt composé. Par cette conduite je ne perdis aucune Vache ; elles étoient au contraire dans le meilleur état.

J'ai à Belle-Fontaine 25 Vaches, 8 Chevaux, & beaucoup de Poules qui n'ont aucune des maladies épidémiques dont presque tout le pays s'est plus ou moins ressenti. Je ne repéterai point ce que j'ai dit sur la manière de gouverner les Animaux pour les conserver toujours sains ; mais je puis apporter en preuve & produire ici mon expérience. La principale attention que je recommande, après le soin de leur nourriture, telle que je la leur donne moi-même toujours avec succès suivant les circonstances, c'est d'empêcher qu'ils n'ayent aucune communication au moins pendant un certain tems avec d'autres Animaux de leur espèce. On évitera par cette précaution, non-seulement le danger de la contagion pour les bestiaux, mais encore bien des maladies qui courent parmi les hommes dans certains cantons, & quelquefois dans les petites Villes. Qu'arrive-t-il en effet des maladies que contractent les Animaux ? C'est que beaucoup de Fermiers & habitans de la campagne se voyant à la veille de les perdre, cherchent à les vendre à vil prix pour en tirer au moins quelque chose. L'avidité du gain porte les Bouchers de Village à acheter ces Animaux infectés : ils les tuent, vendent à grand marché les plus mauvais endroits aux habitans du lieu, & portent le reste dans les marchés des petites Villes voisines. Je laisse à juger le désordre qu'une pareille nourriture peut causer dans le corps humain. Il est aisé de se convaincre de la vérité de mon observation, en examinant ce qui se passe pendant le cours de ces maladies dans les Villages & les marchés. On verra que l'on y trouve quelquefois de la viande à moins de deux sols la livre. Ce n'est point qu'il n'y en ait aussi de très-bonne : mais comme cette dernière coute 5 sols, les pauvres gens courent à celle qui n'est pas si chère, & par économie s'en empoisonnent. De-là naissent plusieurs de ces maladies que l'on appelle épidémiques, parce qu'elles sont générales, & qu'elles attaquent tous les habitans d'une contrée qui ont mangé de la même viande, ou d'une Vache infectée que le Boucher aura quelquefois achetée dans le lieu même.

Il en est de même du pain que mangent les pauvres paysans. Les Boulangers par le même esprit d'intérêt, au lieu d'acheter le bon grain au prix qu'il vaut, achètent ordinairement le plus mauvais bled, & même celui qui est chaufouré. * Comme ils ont ces sortes de bled à très-bon compte, ils s'inquiétent peu du mauvais effet qu'ils peuvent produire. Ils en font du pain qu'ils vendent à un liard ou deux de moins par livre que celui des marchés. Le pauvre achete ce pain préférablement au bon, & par cette mauvaise nourriture contracte des maladies mortelles que l'on peut appeller épidémiques, parce qu'elles sont communes à tous ceux qui ont vécu de la même manière. En doit-on être surpris ? puisqu'il est certain qu'elles n'ont d'autre source que la qualité dépravée du grain, dont par une malheureuse économie on a voulu se servir.

Plusieurs Fermiers ne sont point assez attentifs à préserver leur monde, sur-tout pendant la moisson, de cet

* On appelle bled chaufouré, du bled qui s'est échauffé, soit parce qu'il y a eu des gerbes entassées trop humides, soit parce que ces mêmes gerbes contenoient de mauvaises herbes qui n'étoient pas assez seches quand on les a mises dans les granges.

accident. Communément ils gardent du bled gâté, dont ils font usage dans le tems de leur récolte. S'ils ont quelques bestiaux qui se pourrissent, ils les font manger à leurs gens. Quel avantage retirent-ils de cette imprudence ? C'est que tous leurs domestiques tombent malades. Leur récolte en souffre considérablement, & dépérit en partie ; parce qu'alors on ne peut plus trouver d'autres ouvriers, vu que tous les gens de la campagne sont occupés à faire la moisson chez d'autres personnes. Aussi me contentai-je de répondre à un Fermier qui me disoit à Ville-parisis que j'étois heureux de n'avoir aucun domestique malade, qu'il le seroit autant que moi quand il le voudroit bien sincérement ; qu'il n'avoit qu'à ne point acheter de Vaches malades ou pourries pour 5 liv. mais donner de bon pain & de bonne viande à ses domestiques, & qu'alors ils supporteroient en bonne santé toutes les fatigues de la moisson.

Le remède à ce mal seroit d'empêcher de vendre les mauvaises viandes & les mauvais grains. Mais qu'en faire, me dira-t-on, de ces derniers? Qu'en faire? En engraiſſer des Cochons, ou de la Volaille, après l'avoir fait cuire dans l'eau, pour lui ôter par la cuiſſon une partie de ſa mauvaiſe qualité. On trouvera dans cet Ouvrage des moyens ſûrs pour n'avoir pas de ces grains pernicieux, & pour en garder de bons, ſans frais, pendant dix années, ſi on le juge à propos.

Je reviens aux beſtiaux. Si l'on veut qu'un troupeau ſe porte bien, que la laine & la chair en ſoient également bonnes, il faut auſſi avoir grand ſoin de ne pas l'étouffer dans une bergerie, & de ne le laiſſer dans ſon fumier que le moins que l'on peut; car c'eſt par ce défaut d'attention que la chair & la laine des Moutons contractent une mauvaiſe qualité. Pourvu que ces Animaux ſoient bien à couvert dans les mauvais tems & dans les ſaiſons pluvieuſes, ils n'en ſont que mieux de prendre l'air le plus qu'il eſt poſſible. Quand il y a une forte roſée, ou du brouillard & de la pluie, il faut néceſſairement les enfourer * avec de

* C'eſt-à-dire, donner pour nourriture des pailles de froment au gros bétail.

la gerbée Il eſt bon même de leur en donner tous les jours un peu depuis le mois de Novembre qu'ils quittent le parc, avant de les envoyer aux champs. Outre qu'ils s'en portent beaucoup mieux, la paille qu'ils ont fouragée, leur ſert de litière; & l'on ne peut leur en trop donner dans les deux ſaiſons d'Automne & d'Hiver.

On m'a fait une objection ſur la cauſe générale que j'attribue aux maladies des beſtiaux. Si c'étoit, dit-on, les mauvaiſes influences de l'air, & les exhalaiſons mal-ſaines des terreins dont le venin ſe dépoſe ſur l'herbe des prés tant naturels qu'artificiels, qui produiſent ces maladies, ne devroient-elles pas être auſſi nuiſibles, auſſi préjudiciables à l'homme? Cela peut ſans doute arriver, mais le cas eſt fort rare. 1° Parce que les exhalaiſons terreſtres ne s'élèvent ordinairement que des terreins marécageux, ainſi que dans les prés hauts & artificiels, & que ces terreins ſont encore ceux qui attirent ou ſur qui ſe fixent le plus les mauvaiſes influences de l'air. 2°. Parce que la terre où ſe trouvent les fourages dont j'ai parlé, n'étant jamais ni labourée, ni remuée ; ce qu'elle contient de vapeurs, de sel, & de sucs differens, ne pouvant en sortir qu'avec peine, les exhalaisons sont plus fortes, & les influences de l'air attirées par les sels & les vapeurs du sol, s'y déposent plus aisément ; au lieu qu'une terre qui est labourée & remuée, s'exhale & s'évapore plus aisément, surtout par l'action du soleil qui pompe plus facilement toutes les évaporations. Au surplus les hommes ne mangent point de ces herbes où est déposé ce venin, quoiqu'on ne puisse pas nier absolument que les maladies ne soient plus fréquentes dans le pays où l'humidité séjourne plus long-tems.

Quant à la contagion provenante des fourages infectés par ces sortes d'exhalaisons, elle s'étend quelquefois jusqu'aux Chevaux qui se communiquent entre eux-mêmes jusqu'aux plus simples maladies.

En 1764. au mois de Février j'achetai deux Chevaux à Chéroy. L'un d'eux avoit ce qu'on appelle en termes du pays *la poujole*, espèce de rhume qui rend les Chevaux aussi malades que nous le sommes ordinairement de cette incommodité ; car ils touſſent & jettent de tems en tems par les narrines, comme une perſonne qui a un rhume de cerveau. Quelques jours après ſix autres Chevaux de ma Ferme eurent tous la même maladie. Heureuſement elle n'eſt pas dangereuſe, quand on a ſoin de ménager ſes Chevaux, & de ne pas les excéder de travail. Comme alors ils ſont dégoûtés, quand ils ne mangent pas bien leur avoine, il faut leur donner un peu de bled, & les mettre à l'eau blanche ; ce qu'on fait en jettant dans ce qu'ils doivent boire deux poignées de farine de ſeigle. On ne doit leur donner, pendant qu'ils ſont dans cet état, ni foin, ni luzerne, mais ſeulement de la gerbée, & des menus de froment ou gros méteil. Cette façon ſimple de les alimenter m'a toujours réuſſi, & je me garderai bien d'en employer d'autres, ſur-tout de les faire ſaigner ſuivant l'avis très-hazardé des Auteurs modernes.

Il eſt beaucoup de fourages ſecs qui cauſent auſſi une infinité de maladies fort ſérieuſes aux beſtiaux & aux Chevaux d'une Ferme. La paille de froment par exemple, celle de méteil, lorsqu'elles proviennent d'une récolte pourrie & infectée de bruine, de bled teint, rouillé ou niellé. L'on se défendra de ces inconvéniens, si l'on donne à propos aux terres les labours nécessaires, les engrais convenables, & la semence mise en chaux, comme je l'indiquerai plus bas. Par ces précautions la tige des bleds étant plus forte, sera capable de résister aux vapeurs, aux exhalaisons de la terre & aux brouillards. La récolte de 1764. servira de preuve à ce que j'avance. Dans tout le Gâtinois il a paru des vapeurs, des exhalaisons, des brouillards, depuis le 3 Juin jusqu'au 7 du même mois. Ils n'ont communément duré que trois heures, c'est-à-dire, depuis 5 heures du matin jusqu'à 8. Quels ravages n'ont-ils pas faits? Ils ont gâté, pourri & perdu une assez grande partie de la récolte. Pourquoi? C'est que les terres n'ont point eu les labours qu'elles éxigent, ou qu'ils n'ont pas été appliqués dans les saisons convenables. C'est qu'on leur a refusé les engrais propres à leur nature, ou qu'on n'a point chaulé ou enchaussé leur ſemence, de manière qu'elle donnât des productions qui fuſſent en état de réſiſter aux vapeurs & exhalaiſons de la terre, & aux influences malſaines de l'air. L'expérience a déja démontré ce que je viens de dire. J'avois 65 arpents de bled. J'avois pris les précautions que je viens d'indiquer : auſſi n'ont-ils été attaqués ni de rouille, ni de nielle, ni de teinture, ni de bruine. On n'y a pas même vu de faux bleds ni d'yvraie, ni d'autres mauvaiſes graines, pendant que les terres de mes voiſins en étoient toutes remplies : ce qui prouve clairement que ma façon de mettre le bled en chaux eſt capable ſeule de le préſerver de toutes ſortes de maladies, d'empêcher les mauvaiſes graines d'y croître, & de leur donner aſſez de force pour réſiſter aux exhalaiſons & vapeurs de la terre & aux mauvaiſes influences de l'air. Ceux qui ont chaulé leur ſemence comme moi, en ont retiré les mêmes avantages. Il en réſulte encore un bénéfice conſidérable. C'eſt que mes récoltes ſont toujours plus abondantes que celles des autres, ſoit en grain, ſoit en fourage,

fourage, tant pour la qualité du grain qui est toujours supérieure à celle de mes voisins, que par la quantité de gerbes. J'en fais sortir un & quelquesfois deux boisseaux de bled de plus par douzaine de gerbes. Or si le bled qui est la plus robuste des plantes est sujet à tant d'inconvéniens, peut-on être surpris que l'herbe des prés artificiels les éprouve si souvent ? Ses feuilles sont épaisses & larges ; elles reçoivent par conséquent plus de vapeurs, & les gardent plus long-tems que les prés ordinaires. D'ailleurs les vapeurs qui sortent d'une terre qui n'a point été cultivée, sont bien plus fortes que celles qui s'exhalent d'un sol qui a reçu trois ou quatre labours. Quel effet ne feront-elles donc point sur les bestiaux, si on les y mène pâturer avant qu'elles ayent disparu ? Mais pourquoi ces exhalaisons influent-elles plutôt sur un terrein que sur un autre, qui est quelquefois à côté ? La raison en est simple. C'est qu'elles ne sortent très-souvent que par canton, & à proportion que les endroits sont plus ou moins humides, ou que le sol renferme une plus grande quantité de ſels & de ſucs. Mais, me dira-t-on, ſi ce ſont les exhalaiſons de la terre, ou les influences de l'air qui gâtent le bled, les épis étant les mêmes dans toute la pièce, comment ſe peut-il faire que dans le même épi de bled il y ait des grains qui ſoient corrompus par les bruïnes ou par la rouille, & qu'il y en ait de teints, tandis que d'autres ne ſont attaqués d'aucun de ces accidens? Le voici. Lorſque cette vapeur de la terre s'élève à trois ou quatre pieds de hauteur en forme de brouillard, le vent la chaſſe à proportion de ſa force. Elle s'applique ſur la partie de l'épi qu'elle rencontre d'abord, & les deux côtés n'en reçoivent que très-peu, & le derrière n'en a point du tout. Il ne doit donc pas paroître étonnant que les grains qui en ont été frappés en plein ſoient totalement pourris, de façon qu'ils ne donnent qu'une pouſſière noire qui infecte: les deux côtés de l'épi qui n'en ont reçu que très-peu, parce qu'elle a paſſé obliquement, ne ſont que teints de noir ou rouillés; & le derrière ſur lequel elle ne s'eſt point du tout repoſée, ne doit point avoir la moindre teinture, mais être dans son état naturel. Ce qui acheve de démontrer que le mêlange de bons & de mauvais grains dans le même épi n'a point d'autre cause que celle que je viens d'assigner, c'est que le bled qui est presque renversé par terre, est toujours presqu'entièrement attaqué des maladies dont il s'agit; parce qu'étant à l'abri du vent, il a reçu de tous les côtés la vapeur & les exhalaisons. Seroit-il aussi aisé d'expliquer pourquoi une pièce de bled est quelquefois plus chargée que celle qui est auprès, quoiqu'elle soit de la même nature? Sûrement. C'est que cette pièce n'a point été labourée ni semée dans le même tems que l'autre; c'est qu'on lui a donné un labour de moins, où qu'on l'a fumée plus tard: le bled en est moins fort, & ne peut pas résister aux exhalaisons de la terre, ou aux malignes influences de l'air. Voulez-vous donc les en préserver pour toujours? Suivez ma méthode pour les labours & les engrais; mettez-y de la semence chaulée, comme je l'indiquerai bien-tôt, & vous ne courrez plus aucun risque. Vous ferez plus: vous la mettrez à l'abri des différentes ſaiſons; comme je le ferai voir plus en détail dans le Chapitre ſuivant. Je démontrerai également les moyens qu'on doit employer pour améliorer les prés hauts & les prés bas; de façon que le fourage qui en provient, ou les pâturages qu'on y fait faire, ne nuiſent en aucune façon aux animaux que l'on y mène paître.

C'eſt donc par mes récoltes bien ſaines, & en empêchant la communication de mes beſtiaux avec ceux de mes voiſins dans le tems des maladies épidémiques, que je les ai garantis de tout accident depuis 1742, que j'ai commencé à faire valoir par moi-même. D'où je conclus qu'il eſt bien plus eſſentiel de prendre ces précautions que de chercher des remèdes que l'on ne peut jamais déterminer avec ſuccès que quand on connoît la nature & l'eſpèce de maladie, qui communément eſt différente, parce qu'elle n'eſt pas toujours occaſionnée par la même cauſe; par conſéquent qu'il vaut beaucoup mieux indiquer le moyen de s'en préſerver, que de mettre ſon eſpérance dans des remèdes très-incertains.

Mais que faire, me dira-t-on, des débris de cette récolte pourrie, infectée par les maladies de bruïne, de nielle, & de beaucoup d'autres espèces, puisqu'en en faisant du pain, ils peuvent causer aux hommes des maladies épidémiques ; & qu'en en donnant la paille aux animaux, ils produiront sur eux le même effet ? Il faut mettre ces bleds en chaux de la manière que je l'indiquerai. Jettés sur la terre, ils produiront une récolte très-belle, très-saine, & très-abondante, pour peu qu'on ait passablement labouré le sol, & qu'on l'ait pourvu d'engrais qui lui sont analogues.

A l'égard des pailles, ne vous en servez que pour faire de la litière aux Chevaux & aux Vaches. Ces animaux étant ordinairement liés dans leurs écuries ou étables, ne pourront y toucher ; ayant d'ailleurs de meilleurs alimens, ils ne chercheront pas à manger ceux qui seront infectés.

J'en appelle encore à l'expérience que j'en ai faite tant à Ville-parisis qu'à Belle-fontaine. Quand j'ai commencé à faire valoir dans ces deux endroits les bleds que les Fermiers m'avoient laissés, étoient-attaqués de toutes sortes de maladies, & pleins de mauvaises graines. Avec ma façon de mettre le grain en chaux, & sans jamais changer de semence, je l'ai très-bien purifié, & j'ai récolté les années suivantes de plus beau bled, en plus grande quantité, & meilleur que celui de mes voisins. On en a toujours été surpris depuis 1759; mais j'espère qu'on le sera encore beaucoup plus l'année prochaine, parce que j'aurai plusieurs corps de Ferme composés de différentes natures de terres, & dont le labour sera de cinq charrues. C'est sur une quantité de cette espèce qu'il faut faire les expériences d'Agriculture, & non sur de petites portions, qu'il est très-aisé de rendre fertiles, sans connoître tout ce qu'il faut pour rendre toute sorte de sol propre à toutes les productions.

J'aurai cent dix arpens de bled à récolter au mois de Juillet prochain sur toutes sortes de natures de terre: j'assure d'avance que mes bleds n'auront aucune des maladies de bruïne, bled teint & rouillé; &

je suis très-certain que ceux qui n'auront pas mis leur bled en chaux comme moi, en auront plus ou moins, suivant que les exhalaisons, les vapeurs de la terre, & les influences de l'air seront plus ou moins fortes.

CHAPITRE II.

Des engrais.

IL y a plusieurs espèces d'engrais. La plûpart sont assez connus, & on ne péche communément que dans la manière de les appliquer. J'en indiquerai une capable de procurer tous les avantages possibles.

Fumiers des basses-cours.

Les fumiers des basses-cours sont l'engrais qu'on emploie ordinairement pour améliorer les terres ; & ils produisent toujours un très-bon effet, lorsqu'on ne les met que dans celles qui les éxigent ; car toute sorte de fumiers ne conviennent pas à toutes les terres. Le fumier de bergerie, par exemple, le crotin de pigeon, font bien mieux sur les terres lateuses, humides, froides & argilleuses, que dans tout autre sol. Les fumiers de Vaches & de Chevaux conviennent aux chaudes, & à celles où il se trouve des cailloux ou de la marne, du crayon ou du sable. Tous les fumiers de basses-cours, comme ceux de Chevaux, de Vaches, de Moutons, de Porcs, &c. mêlés ensemble font un très-bon effet dans toutes les terres, comme celles à blanc limon, terres franches, lateuses, noires, & terres fortes. J'en ai même fait mettre dans des terres chaudes, casses, glutineuses; dans celles où il y avoit de l'argille & de la glaise. Ces différens fumiers accompagnés quelquefois de marne ou de gazons y ont produit des effets merveilleux. Mais ce à quoi il faut être très-attentif, c'est de les y appliquer dans les saisons convenables, de n'en mettre que la quantité qui y est nécessaire, de le répandre également par-tout, & de le faire enterrer au premier ou au second labour au plus tard. Par ces mesures, tous ces engrais ne feront qu'un corps avec la terre; & quelque diversité de saisons qu'il arrive, ils lui feront toujours donner d'abondantes productions. Ils ne produiroient au contraire qu'un très-mauvais effet, si on attendoit à les enterrer avec ou peu de tems avant la ſemence ; car comme ces fumiers ne ſont preſqu'encore que de la paille qui a ſervi de litière aux Chevaux & aux Vaches, ſans être conſommés, ils ſe trouvent raſſemblés dans certains endroits. La charrue les entraîne avec la ſemence, & empêche que la terre en ſoit par-tout également fournie. Ils rempliſſent d'ailleurs le champ de mauvaiſes herbes qui font périr le peu de bled qui pouſſe dans les terres ainſi apprêtées. Les crotins de Brebis, de Pigeons & de Poulles ſont analogues à quelques terres ; mais pour qu'ils donnent la qualité dont elles ont beſoin, il ne faut les y répandre qu'après le dernier labour. On y fait enſuite ſemer le bled. On enterre les uns & les autres avec la herſe, afin qu'ils ne faſſent plus qu'un même corps avec la terre. Ils la réchauffent ; & les ſels & les ſucs que ces crotins procurent à la ſemence, la font germer plutôt, pouſſer plus vîte, & lui donnent la force de réſiſter à l'Hiver le plus rigoureux. Auſſi les Fermiers qui attendent le mois de Mars ou d'Avril pour jetter ſur la terre cet engrais, font-ils très-mal ; car dès que le ſoleil devient aſſez fort pour occaſionner le hâle & la ſéchereſſe, ces crotins brûlent la plante des bleds. D'ailleurs il réſulte un autre inconvénient, lorſque ces engrais, ainſi que tous les autres, ne ſont point répandus également par-tout : car certains endroits de la terre en ayant plus qu'ils n'en éxigent, ne donnent qu'une grande paille de bled veule qui ne préſente que de petits épis, & qui ne vient pas même toujours en maturité ; parce que le bled verſe, ſe pourrit, & devient lui-même en fumier.

Les autres engrais capables de remplacer avec avantage les fumiers de baſſes-cours, ſont le parc, les marnes de différentes eſpèces, les diverſes terres neuves, les gazons des chemins & des friches, & la manière de mettre le bled en chaux, ou comme l'on dit dans certaines Provinces, de le chauler ou de l'enchauſſer avant de le faire ſemer. Je les préfère aux premiers, non-ſeulement parce qu'ils font grainer davantage les bleds, mais encore parce qu'ils lui donnent une qualité bien ſupérieure, qu'ils en fortifient les pailles, & qu'ils la rendent meilleure & plus nourrissante. C'est une expérience annuelle que j'ai depuis 1742. jusqu'à présent, sur un corps de Ferme, d'abord de deux, & ensuite de trois charrues, & composé de plusieurs pièces de terre de différente nature. Le discernement avec lequel j'ai fait appliquer ces divers engrais, m'a toujours fait parfaitement réussir. Je vais le faire connoître; afin que ceux qui voudront s'y conformer, puissent en retirer les mêmes avantages. Comme la manière dont je fais mettre le bled en chaux, lui procure un engrais très-considérable, je commence par l'indiquer au Lecteur.

Manière de mettre le bled en chaux.

J'AI d'abord un tonneau défoncé ou un cuvier capable de tenir à peu-près un muid d'eau. Après l'en avoir fait remplir, je fais jetter dedans environ un boisseau de crotes de Moutons, une pareille quantité de celle de Pigeons & de Poulles, un boisseau de bouze de Vaches, autant de fiente de Chevaux, & environ un boiſſeau de cendres de genièvre, ou de genêt, ou de chêne. Si l'on pouvoit même former cette cendre dont je viens de parler de ces trois plantes, elle n'en ſeroit que meilleure. Je fais enſuite ſi bien remuer tous ces ingrédiens avec un bâton, une fourche, ou tout autre inſtrument, qu'enfin ils ne font plus qu'un même corps. On repéte cette opération pendant cinq ou ſix jours. Ces différens fumiers fermentent dans cet intervalle comme du vin qui eſt dans la cuve. Ce tems expiré, ce mêlange ſe calme, & ſe convertit en une graiſſe qui produit les effets dont je parlerai plus bas. Lorſque je veux chauler ou enchauſſer la ſemence, je fais mettre cette eau ainſi engraiſſée dans une chaudière de fer, ou dans un chaudron dans lequel je jette une poignée de genêt que l'on trouve dans les bois. Quand il a bouilli avec la liqueur cinq ou ſix minutes, on le retire en le laiſſant un peu égoutter au-deſſus de la chaudière; & après y avoir fait éteindre la quantité de chaux néceſſaire, & l'avoir bien remuée avec un bâton, je fais renverser tout ce qui est dans la chaudière sur le tas de bled que je veux semer: aussi-tôt deux personnes remuent avec des pelles le grain trois ou quatre fois. Si tout le tas est bien mouillé, on ne doit plus y rien ajouter. Il n'en seroit pas de même s'il restoit des grains secs, & qui ne fussent point empreints de la liqueur: il faudroit en prendre dans le tonneau pour y suppléer. Ce bled ainsi chaulé, je le fais semer dès le lendemain, si je le juge à propos; mais si je differe plus long-tems, & qu'il y ait quelque humidité, j'ai soin qu'on le remue tous les jours. Par cette attention je le garde douze ou quinze jours sans qu'il se gâte. L'engrais que le bled mis en chaux de cette façon porte avec lui, le rend d'autant plus propre à fructifier, que quand une terre n'auroit reçu que la moitié de son engrais ordinaire, ou qu'on n'y auroit mis que la plus mauvaise semence, elle produira davantage & de plus beau bled & de meilleure qualité, que celle qui auroit eu tous les engrais nécessaires, mais qui n'auroit reçu dans son sein que du bled enchaussé de toute autre manière. Quand même on y mettroit un boiſſeau de ſemence, & même plus, de moins, par arpent, cette terre ſera toujours plus couverte que les autres, lorſque les bleds ſeront levés. Ma ſemence ainſi apprêtée eſt préſervée dans les années ſeches d'être mangée par les mulots, ſouris, & autres vermines, qui ne dévaſtent que trop ſouvent celles des autres. Il en réſulte encore un autre avantage. C'eſt que les bleds germant trois ou quatre jours avant ceux qui n'ont pas reçu cet engrais, & pouſſant enſuite plus vîte, en ſont plutôt mûrs, & moins expoſés par conſéquent à être gâtés par les pluies qui tombent communément vers la fin de la moiſſon. Je les garantis toujours, dans toutes les terres, des maladies de bruïne, de bled teint de nielle, & de tous les autres accidens funeſtes cauſés par les brouillards, les vapeurs de la terre, & les mauvaiſes influences de l'air. Auſſi n'ai-je jamais ni bled bruïné, ni teint, ni rouillé, ni ce qu'on appelle niellé. Les mauvaiſes graines mêmes, telles que l'yvraie & le faux bled, n'y paroiſſent jamais. Je pourrois apporter en preuve de ce que j'avance toutes les récoltes que j'ai faites depuis 1742 ; mais je me borne à celle de 1764. Tous mes voisins avoient des pièces de bled dont plus de la moitié étoit gâtée, tandis que je n'en avois pas un seul épi dans plus de 65 arpens. Quiconque ne voudroit pas m'en croire sur ma parole, pourroit se convaincre en venant voir ceux qui sont dans mes granges de Bellefontaine. Il demeure donc constant que ma façon de chauler la semence lui procure des sels & des sucs qui la purifient & lui donnent la meilleure qualité. Chacun peut en faire usage, puisqu'elle n'est composée que des matières que tout le monde peut fort aisément se procurer. Mais avant de finir cet article, je crois devoir avertir qu'autrefois j'ajoutois environ deux livres de sel de nitre aux ingrédiens dont je compose l'eau de mon chaulage : je les ai retranchées depuis trois ans, sans que mes récoltes en ayent été altérées en la moindre chose, parce que mes terres sont d'ailleurs pourvues de tous les engrais convenables ; ce qui est bien essentiel.

Toutes lotions, lessives & lavages de bled ne peuvent qu'être nuisibles à la semence. Le bled ne peut point être trempé dans aucune espèce d'eau, sans qu'elle lui ôte toute la bonne qualité qu'il pourroit avoir pour une prompte production. D'ailleurs du bled ainsi lavé & détrempé ne sera jamais totalement exempt des maladies dont j'ai parlé.

Plusieurs personnes me demanderont sans doute comment il se peut faire que la manière de mettre le bled en chaux empêche qu'il soit atteint de la bruïne, de la rouille & de la nielle? Je ne puis leur répondre que par une comparaison. Il est certain qu'une nourrice qui alaite un enfant, lui communique les bonnes ou mauvaises qualités qu'elle renferme en elle-même. Si elle est saine, & qu'elle ne prenne que de bonnes nourritures, son nourrisson ne sera sujet à aucune des maladies qui attaquent ceux qui sucent un lait vicié par quelque maladie. Il en est de même de la terre: elle est la nourrice du grain. Si les engrais qui lui servent d'alimens sont analogues à ce qu'elle doit produire, ils y feront paſſer une ſéve qui les fera fructifier avec abondance, & qui lui donneront une qualité propre à la mettre à l'abri de toute ſorte de maladies. Les pailles qui ſont comme les membres du bled, ſeront, pour ainſi dire, bien organiſées; elles auront plus de ſucs & de nerf; elles ſeront bien meilleures pour la nourriture des animaux. N'ayant aucune partie plus foible que l'autre, aucune maladie ne pourra les affecter dans aucun endroit: on ne trouvera donc plus, en ſuivant ma méthode de fumer les terres & de chauler le bled, des épis à moitié gâtés. Ils ſeront tous également ſains, parce que la nourriture que je donne à la paille, lui procure une conſtitution qui la met en état de réſiſter aux rigueurs de toutes les ſaiſons.

L'étude du Laboureur doit donc être principalement de veiller à ce que ſes différentes terres ſoient pourvues d'engrais analogues aux productions qu'il veut en retirer, que le bled ſoit bien purifié & fortifié par le chaulage, afin qu'il ſoit en état de recevoir une ſéve vigoureuſe qui le mette à l'abri des vapeurs ou exhalaisons pernicieuses qui peuvent sortir de la terre qui le nourrit, & des malignes influences de l'air dont il est environné, & qui sont toujours plus ou moins fortes, selon que les saisons de l'Automne ou de l'Hiver, du Printems ou de l'Eté, sont plus ou moins seches, ou plus ou moins humides.

PARC.

JE ne trouve point d'engrais qui puisse aller de pair avec le parc. On peut le jetter sur toutes les terres, de quelque nature qu'elles soient. Il n'est question que d'être attentif à ne l'y appliquer que dans le tems qui leur convient. Vous y réussirez toujours, si dans les terres franches, à blanc limon, lateuses, * froides & autres terres

* Il y a trois sortes de terres lateuses. Les premières ne sont appellées lateuses que parce qu'après une grosse pluie elles se battent si fort, que l'on peut y marcher à pied sec. Les secondes sont lateuses & humides. Elles sont ainsi nommées, parce qu'elles se battent aussi. Et les troisièmes sont nommées lateuses, froides & humides, parce

fortes, vous y mettez le parc avant d'y ſemer le bled. Il n'en ſeroit pas de même, ſi vous ſuiviez cet uſage pour les terres noires, creuſes, veules, meubles & légères. Il faut, pour en tirer tout l'avantage poſſible, ne les faire parquer qu'après qu'elles ſont enſemencées. Vous leur donnerez du corps par cette attention & de la conſiſtence. Votre bled ſera moins exposé à verſer : ſi vous agiſſiez autrement, la paille en ſeroit ſans nerf & ſans force. Elle ne pourroit par conſéquent ſe ſoutenir, quand il ſurviendroit des mauvais tems.

Dans les terres chaudes de toutes natures n'appliquez le parc qu'après la récolte du bled, c'eſt-à-dire, ſur le chaume; mais ayez grand ſoin de le faire enterrer ſur le champ. Après l'Hiver le parc aura jetté tout ſon feu, & ſera changé en graiſſe; de ſorte qu'en

qu'elles ſe battent de même; mais ces deux dernières conſervent les eaux plus longtems, ce qui eſt cauſe que l'on doit les faire labourer en planche un peu plus bombées que les premières, avec des ſang-ſues qui les traverſent pour en faire écouler les eaux.

lui faiſant encore donner un labour en Février ou en Mars, il vous procurera une abondante récolte d'avoine, d'orge, de bled de Mars, ou de tout autre menu grain: & quand ces terres ſeront en jachères, ſi vous les fumez à moitié de ce qu'elles devroient l'être dans toute autre circonſtance, vous recueillerez beaucoup de très-bon bled l'année ſuivante. Il en réſultera encore un plus grand avantage. Car comme les terres dont il eſt ici queſtion, ſont pour l'ordinaire remplies de toutes ſortes de mauvaiſes racines ou graines, telles que la bouglande, le millereau, la rougeole, les chailliés, les chardons de toute eſpèce, &c. le parc, appliqué comme je viens de le dire, fera périr & détruira toutes les graines & racines de ces plantes ſi nuiſibles au bled. Il donnera de plus à ce dernier de la qualité, il en fortifiera la tige, & la rendra plus en état de ſupporter les différentes rigueurs des ſaiſons. J'en continuerai l'année prochaine l'expérience ſur pluſieurs corps de Ferme d'environ cinq charrues, où il ſe trouve des terres de toutes ſortes de natures: & l'on verra que cet engrais peut ſe multiplier beaucoup plus qu'on ne le croit communément; parce que je démontrerai par des faits, que l'on peut parquer dans preſque toutes les ſaiſons, pourvu qu'on ait ſoin de faire rentrer le troupeau dans la bergerie, ou ſous un hangard quand le tems eſt humide, quand il neige, ou quand les brouillards ſont trop épais ou trop fréquens. On ſent bien que les petites gelées ne ſont point compriſes dans cette exception; car l'on peut faire parquer alors: le troupeau s'en portera beaucoup mieux, & les laines & les chairs en ſeront meilleures.

MARNES.

Les marnes de toute eſpèce peuvent s'appliquer à toutes ſortes de terreins, de quelque nature qu'ils ſoient. J'en excepte ſeulement ceux qui ſont chauds par eux-mêmes, & qui portent déja dans leur ſein de la marne, des cailloux, du crayon ou du ſable. Mais une choſe à laquelle il faut être très-attentif, c'eſt de ne mettre dans les terres à qui cet engrais convient, que la quantité qu'éxige leur degré d'humidité. La marne franche qui eſt en partie verte & graſſe, eſt bonne dans les terres fortes, lateuſes, glutineuſes, caſſes, glaiſeuſes & argilleuſes. Elle rechauffe le terrein, elle l'ameublit, elle donne de la qualité au grain & le multiplie ; elle rend la paille plus forte, & d'une nourriture plus agréable aux animaux. Les autres marnes ſont plus ou moins bonnes ; mais elles ont toutes la propriété d'exciter la végétation, de faire grainer le bled, & de lui donner de la qualité.

On peut conclure de ce que je viens de dire, que les décombres des maiſons, telles que la chaux, le plâtre & autres eſpèces, font très-bien dans les terres argilleuſes & imbibées d'eau. Ces ſortes d'engrais les déſsèchent, & les empêchent de produire de mauvaiſes plantes, telles ſur-tout qu'une eſpèce de marguerite, appellée chailliés, qui a une ſi mauvaiſe odeur qu'elle infecte les granges & la paille des récoltes.

VESCES.

Il eſt un autre engrais qu'on peut aiſément ſe procurer. Il conſiſte à ſemer en veſce la quantité d'arpens de terre que l'on veut mettre en bled. Dès qu'elle eſt pouſſée en herbe à une certaine hauteur, on la fait enterrer avec la charrue. Cet engrais donnera au moins une abondante récolte en bled, & autant en Mars. Cependant comme il eſt un peu diſpendieux, je ne le conſeille que dans le cas où l'on ne pourroit pas s'en procurer d'autres à moins de frais. J'en dis autant des gadoues, récurages d'abreuvoirs, de foſſés, d'étangs, de marais, & de tous les fumiers artificiels, ſur-tout dont les uns ne ſont communément que de très-mauvais engrais, & les autres ne peuvent être que momentanés. En effet, à quoi bon avoir recours aux artificiels, puiſque ceux que j'indique, & que tous les Fermiers ont chez eux, ſont plus que ſuffiſans, lorſqu'on ſait les appliquer à propos à chaque eſpèce de terre pour les en pourvoir toutes, & qu'ils ſont d'une

nature

nature excellente, tant pour procurer une récolte saine & abondante, que pour la rendre supérieure en qualité, soit en grain, soit en paille & fourage? Au reste, j'ai expérimenté moi-même qu'en cultivant mes terres, comme je le décrirai plus bas, & en leur procurant les engrais tels que je les détaille ici, elles me procurent des pailles & des fourages pour engraisser par sol d'une charrue quinze ou dix-huit arpens de plus qu'on a coûtume de faire. Je vais plus loin, & je ne fais aucune difficulté d'avancer que, quand même je me trouverois dans un pays où les différens engrais dont il est ici question, manqueroient absolument, je n'aurois pas encore besoin de recourir à l'artifice pour m'en procurer; parce que le parc, le fumier des basses-cours employé à propos, & accompagnés de ma façon de faire labourer & de chauler la semence, me donneroient seuls les plus belles récoltes. D'où je conclus que les prairies artificielles sont par-tout au moins inutiles, pour ne rien dire de plus.

TERRES NEUVES.

On peut encore tirer un bon parti des terres neuves. J'appelle ainſi les terres que l'on peut prendre dans celles qui ſont franches, à blanc limon, latteuſes, graſſes, enfin dans toute ſorte de bon fond. Pour y parvenir, on fera d'abord enfoncer dans le premier labour la charrue de deux ou trois pouces ſeulement plus qu'à l'ordinaire, pour faire remonter ſur l'ancien ſol celui qui eſt au-deſſous. Cette terre neuve étant bien mêlée par les trois labours ſuivans avec celle qui commençoit à s'épuiſer, donnera des productions de la meilleure qualité. Cependant, avant de commencer cette opération, il faut s'aſſurer s'il n'y auroit point par-deſſous la terre qu'on a coûtume de labourer des veines de terre rouge, du crayon ou du tuf; parce que, ſi on ramenoit par-deſſus ce mauvais ſol, on gâteroit l'ancien pour long-tems. Comme les bons fonds d'ailleurs ſont rarement par-tout égaux, il eſt à propos, avant de faire enfoncer la charrue, de ſonder avec une bêche ou tout autre outil, dans pluſieurs endroits la pièce que l'on veut améliorer de cette façon. Dans ſix cents arpens ou environ que je fais valoir, il n'y en a guère que quarante qui ſoient ſuſceptibles de cet expédient ; mais il s'en trouve d'autres où je puis former l'engrais complet, c'eſt-à-dire, où je fais enlever un pied de terre plus ou moins de ces bons fonds pour la tranſporter ſur des terres pleines de cailloux, de ſable, de crayon ou de marne. Pour éviter la dépenſe, je la fais charrier de proche en proche, de façon qu'un bon Cheval ſuffit pour traîner le tombereau. En agiſſant ainſi, je me donne en même tems un double engrais. Le premier, parce qu'en enlevant un pied de terre de cet excellent fond, il devient naturellement une terre neuve qui peut rapporter ſept à huit récoltes de ſuite ſans avoir beſoin d'autre engrais. Le ſecond, parce que cette bonne terre que je fais porter dans un mauvais ſol, le rend bon pour toujours, & procure au moins trois récoltes, ſans qu'il ſoit beſoin de le fumer. Auſſi pluſieurs de mes terres que j'ai ainſi arrangées, & qui ne rapportoient autrefois que de mauvais ſeigle, donnent-elles aujourd'hui de très-bon méteil.

La terre, le gazon que je fais enlever des chemins, des friches, & des autres endroits où il s'en trouve, produiſent encore un très-bon effet dans les champs où il y a du caillou, du ſable, du crayon & de la marne. Le même tombereau qui tranſporte ces terres ou ces gazons dans les terres que je veux améliorer, charrient dans les chemins les cailloux que l'on y ramaſſe : par ce moyen on rend la terre moins caillouteuſe, & les chemins plus pratiquables. Au reſte je ne conſeille ces tranſports de terre neuve, de gazons, &c. que dans le tems de gelée ou très-ſec. Outre que l'on fait plus de voyages alors, & avec moins de Chevaux & de peines, c'eſt qu'il n'eſt pas poſſible de labourer, ni de faire d'autres ouvrages d'Agriculture.

Non-ſeulement tous ces différens engrais procurent aux terres des ſels & des ſucs qui les fécondent, ils ſervent de plus à ameublir le ſol. Pour en convaincre tous les Cultivateurs, je vais leur décrire ce que j'ai fait pour rendre meubles les terres fortes, glaiseuses, casses, glutineuses, &c. Ils savent tous par expérience que ces sortes de terres sont très-difficiles à labourer, parce qu'elles tiennent à la charrue, & qu'elles s'enlèvent par quartiers. Aussi en ai-je trouvé une quantité en friche à Belle-fontaine. Pour faciliter la culture de celles qui étoient les plus casses & les plus fournies de glaises, j'y ai fait mettre des marnes, des gazons, & différents fumiers des basses-cours. Dès qu'ils ont été bien mêlés par deux labours avec le sol, le troisième s'est fait sans peine; & après leur avoir fait donner le quatrième pour semer, la terre étoit si ameublie, que les dents de la herse y entroient tout entières. Par le moyen de ces trois engrais cette terre a été fournie de sels & de sucs suffisans, au moins pour trois récoltes de suite, sans en éxiger d'autre. D'ailleurs elle en sera pour toujours de meilleure nature, plus facile à cultiver; & deux Chevaux, sans se fatiguer, suffiront pour la labourer, tandis qu'auparavant trois pouvoient à peine en venir à bout. Le charretier ou valet de charrue en ſera auſſi beaucoup plus à ſon aiſe : il ne ſera plus contraint de ſe cramponner, pour ainſi dire, ſur la charrue pour la retenir, ou d'en ôter continuellement tout ce qui s'y attachoit. Dans certains terres glaiſes, la marne & les différens fumiers des baſſes-cours ſuffiſent pour produire les mêmes effets ; & dans les graſſes, les fortes, la marne ſeule les y opère.

CHAPITRE III.

Des Labours & de la Semence.

QUELQU'essentielle que soit cette partie de la cultivation, on ne s'y applique pas avec assez de soin dans la plûpart des Provinces du Royaume. On y suit presque partout les anciennes routines, sans examiner si elles conviennent ou non aux terres que l'on veut faire valoir. Il n'est cependant qu'une façon de s'y prendre dans tous les pays de la France, pour en tirer tous les avantages possibles. J'en ai parcouru presque toutes les Provinces; & après en avoir bien examiné les différentes terres, j'en ai trouvé beaucoup qui se ressembloient par leur nature, & dont le sol étoit le même : d'où j'ai conclu qu'on pouvoit par-tout les labourer de la même manière. Nous voyons cependant tout le contraire. Dans le Gâtinois, par exemple, les Fermiers font indistinctement labourer toutes leurs terres en ſillons, & enterrer la ſemence avec la charrue. On ſuit le même uſage dans une grande partie de la Brie. Dans certains cantons de la France on les met en planche; & dans la Picardie & dans une antre partie du Royaume on les laboure à plat, avec une charrue à tourne-oreille, c'eſt-à-dire, qu'elles ſont également unies par toute la pièce. Mais quels inconvéniens ne réſultent-ils pas de faire labourer de diverſes manières, non-ſeulement les terres de même nature, mais encore celles d'une nature différente? D'abord la coûtume de mettre les terres en ſillons eſt très-préjudiciable à la récolte. En effet les raies qui terminent ces ſillons des côtés, & qui font perdre un ſixième du terrein, n'ont point de ſemence; parce que la charrue la rejette à droite & à gauche, ſans la diſperſer également. Quand d'ailleurs il s'y en trouveroit, elle ne viendroit que très-difficilement en maturité, ſoit parce que les raies étant très-profondes elle y eſt trop enterrée, ſoit parce que les eaux des pluies, y ſéjournant trop long-tems pendant l'Hiver la pourriſsent & l'empêchent de pousser. Qu'arrive-t-il encore d'un autre côté ? C'est que pour l'ordinaire les raies de ces sillons sont tellement remplies de mauvaises herbes ou de mauvaises plantes, qu'elles étouffent très-souvent le bled à droite & à gauche ; de sorte qu'il n'y a presque de récolte à faire que sur le haut des sillons. Les inconvéniens se multiplient, si on seme ces sortes de terres à la charrue ; parce que, pour enterrer la semence, elle ne doit prendre de terre que ce qu'il en faut pour la couvrir : on ne donne par conséquent alors tout au plus qu'un demi-labour. Comment le dessous pourroit-il suffisamment s'ameublir ? De-là vient que la racine du bled y trouvant trop de résistance, ne s'étend & ne s'épatte pas assez pour produire un épi parfait, & les eaux des pluies ne pouvant y pénétrer qu'à la longue, restent trop long-tems, soit sur la superficie, soit entre deux terres. D'ailleurs la charrue, en renversant la terre sur la semence, ne la couvre jamais tout entière, parce qu'elle tombe assez souvent en motte, & toujours fort inégalement. Il y en a donc beaucoup de perdu. Auſſi faut-il au moins un bichet de grain de plus pour la ſemence d'un arpent, que ſi on ſemoit, comme je le marquerai dans la ſuite. Ce n'eſt pas tout. Il y a communément beaucoup d'herbes dans les bleds ſemés à la charrue : on ne peut donc pas les enlever quand on le juge à propos. Il faut laiſſer faner ces herbes quelquefois pendant ſept à huit jours. Des pluies ſurviennent dans cet intervalle, & le grain germe. Nous en avons un exemple bien récent dans la récolte de l'année dernière. Cet accident eſt arrivé à beaucoup de bleds dans le Gâtinois & ailleurs. Les miens ne l'ont jamais éprouvé depuis 1742. & Pourquoi ? Parce qu'ils ſont ſans herbes, toujours murs avant ceux des autres ; & que quand le tems n'eſt pas décidé au beau, je les fais enlever à meſure qu'on le ſcie. En 1764. tous mes bleds étoient entrés dans mes granges le 31 du mois de Juillet ; tandis que mes voiſins en avoient encore en javelle, & même ſur pied le 22 du mois ſuivant. Quelles furent les ſuites de cette lenteur à faire ramaſſer leurs bleds ? Les plus funeſtes. Ceux qui étoient encore ſur pied, ont été en partie égrainés ; parce que la pluie ayant fait renfler le grain, la maille s'eſt ouverte, & au premier vent ce grain eſt tombé par terre. D'un autre côté ceux qui étoient en javelle, ont été en partie germés. Voilà donc une récolte preſque perdue. Les pailles & les fourages en ont été gâtés ; parce que les Laboureurs ſe ſont aheurtés à ſuivre les anciens uſages, & qu'ils n'ont pas été aſſez vigilans. Tant il eſt vrai que l'activité eſt preſque l'ame de l'Agriculture.

Au reſte, comme ces ſillons ſont étroits & fort hauts, & les deux dernières raies de chaque côté avant celles qui ſéparent ces ſillons preſque droites, la terre ſe trouve tellement en pente, qu'étant ameublie par la gelée, elle retombe preſque d'elle-même dans les grandes raies qui ſéparent les ſillons. Ce qui ne peut arriver, ſans que le peu de bled qui ſe trouve dans les deux dernières raies qui achèvent de former le ſillon, étant dans la même pente, ne ſoit déchauſſé. Manquant alors de nourriture, il ne pousse pas, ou très-peu. Survient-il d'un autre côté de fortes pluies? Les sillons étant extrêmement bombés & étroits, ces pluies entraînent dans les grandes raies tous les sels & les sucs des engrais qui ont été mis dans les terres ainsi labourées; & pour peu que le sol soit en pente, & que les raies, comme il est assez ordinaire, suivent cette pente, ils sont rapidement entraînés dans les terres qui sont plus basses; parce que les raies tiennent lieu d'autant de sangsues qui ne servent qu'à énerver & déchausser le sol, en le privant de ce qu'il a de plus de besoin pour nourrir la semence qu'on lui a confiée. Enfin quand on enterre la semence avec la charrue, on est obligé, pour commencer le sillon, d'élever le plus qu'on peut les deux premières raies, & de les appliquer l'une contre l'autre: on rejette, en agissant ainsi, la plus grande partie de la semence sur l'endos des sillons. De-là vient que cette partie est souvent plus garnie qu'elle ne devroit l'être; & les autres raies allant toujours en descendant, celles qui sont dans le bas n'en ont pas suffisamment.

Inconvénient que l'on évitera toujours en ſemant les bleds à la herſe, ſur-tout quand la terre eſt bien ameublie par de bons labours égaux, & par des engrais convenables à ſa nature. On verra toujours par expérience que des terres labourées en planches plus ou moins bombées, ſuivant que le terrein eſt ſec ou humide & ſemé à la herſe, non-ſeulement ſeront garanties de tous les accidens, mais encore qu'il n'y aura aucunes lacunes, la ſemence étant par-tout également répandue & mieux rangée, que ſi on s'étoit ſervi de ſemoirs à bras, de charrues à trémille, ou de tout autre inſtrument, qui d'ailleurs augmente la dépenſe plus du double, ſans compter que n'y ayant rien de particulier dans ma méthode, les Fermiers n'en ſont point effarouchés, puiſqu'on n'y fait uſage que de la charrue & de la herſe. Ainſi il eſt très-facile de faire valoir toutes les terres du Royaume, ſans rouleau ni briſe-mottes, la herſe pouvant mieux faire les opérations qu'on leur attribue, mais qui ne ſont jamais néceſſaires, quand on a donné de bons labours à ſes terres, & qu'on les a fournies d'engrais qui leur ſont analogues. Au reſte, quand il s'y trouveroit quelques mottes, le terrein étant bien ameubli, la charrue & la herſe ſeroient plus que ſuffiſantes pour les réduire en pouſſière.

Les terres franches à blanc limon, les terres lateuſes de toute eſpèce, les terres fortes, noires, chaudes & courtes, que l'on laboure indiſtinctement en ſillons dans le Gâtinois, ſont toutes labourées à plat dans la Picardie. Auſſi ai-je eu, il n'y a pas longtems, la douleur de voir dans les granges de cette dernière Province toutes les gerbes remplies d'herbes, & les pailles noires qui ſentoient le relant. Comment en auroit-il pu être autrement ? Dans les Hivers de 1763. & 1764. les eaux ont fait un trop long ſéjour dans ces terres, faute d'écoulement; & elles n'ont pu filtrer dans d'autres, parce que leur ſol étoit trop dur, attendu que pour ſemer on n'avoit employé que la charrue pour enterrer la ſemence; ce qui n'avoit donné qu'un demi-labour au ſol. On a beau tirer des raies dans ces ſortes de terreins labourés à plat; j'ai fait voir à M. Pannellier Seigneur d'Annel entre Compiégne & Noyon, qui fait valoir ſa Terre, & qui mérite par les ſoins qu'il ſe donne pour y réuſſir, d'être mis au nombre des vrais amateurs de l'Agriculture, qu'après la pluie conſidérable du 13 Octobre dernier il y avoit des ravines & des flaques d'eau dans beaucoup de ſes terres qui étoient enſemencées. Il ne m'a point été difficile de lui faire comprendre que les raies tirées avec la charrue n'étoient d'aucune utilité, puiſque les eaux reſtoient dans les pièces. Les terres lateuſes d'ailleurs étoient ſi battues, qu'on pouvoit y marcher d'un pied auſſi ſec, que ſi on avoit paſſé par un chemin bien ferré. Dans les terres lateuſes, froides & humides, & les terres noires meubles, les eaux y reſtoient entre deux terres; en ſorte qu'en comptant d'y marcher quatre jours après la pluie du 13 Octobre, on y enfonçoit d'un bon demi-pied. Quant aux terres de la même eſpèce qui ſe trouvoient ſur des pentes, & qui étoient labourées de la même façon, les eaux n'étant retenues ni par les ſillons, ni par les raies des planches, ni écoulées par les ſangſues, les ont déchauſſées, y ont fait des ravines, & entraîné les fumiers, ainſi qu'une partie des ſemences, dans les prés qui étoient au bas. Eſt-il ſurprenant, après ce déſaſtre, de voir les champs remplis d'herbes, de mauvaiſes graines, & les récoltes gâtées, les granges par conſéquent infectées de la mauvaiſe odeur des fourages? Le Laboureur qui ne ſait le plus ſouvent que ſuivre ſa routine, en attribue la cauſe au tems & à la ſaiſon; mais le véritable amateur dit : Il faut que je n'aye pas opéré avec aſſez d'attention; car l'Agriculture eſt une étude, & non un ſecret impénétrable. Ainſi raiſonna M. Pannellier; & j'acquieſçai ſans peine à ce qu'il me dit, puiſque ce n'eſt que par l'étude, les obſervations, les expériences réitérées, & la pratique, que j'ai acquis les connoiſſances qui lui paroiſſent ſi utiles & ſi néceſſaires.

Mais comment faire, me demandera-t-on peut-être, pour empêcher qu'on ne ſuive plus les anciennes routines de l'Agriculture? Comment faire? Je viens de le dire. Renvoyer à l'expérience tous les Laboureurs. Elle leur apprendra 1°. que toutes ſortes de terres doivent être labourées en planches. Le Fermier y gagnera au moins un cinquième de terrein : car s'il le labouroit en ſillons, les grandes raies n'auroient aucune ſemence. Si au contraire il faiſoit donner ſes labours à plat, ſon terrein étant uni par-tout ne peut que reſter tel qu'il eſt naturellement. Il n'en eſt pas ainſi de ma façon de faire labourer. Chaque planche étant bombée, en procure une augmentation conſidérable : car par le meſurage que j'en ai fait faire dernièrement, j'ai trouvé que je gagnois huit à dix arpens ſur cent que je mets en bled. 2°. Que la charrue & la herſe ſuffiſent ſeules pour les rendre fertiles. 3°. Qu'il faut au moins donner quatre bons labours également foncés à toutes les terres dans le tems convenable, avant de les ſemer à la herſe : 4°. qu'il faut faire le premier labour à celles qui doivent être miſes en jachères, le plus qu'on le peut pendant l'Hiver, & y faire charrier & enterrer dans cette ſaiſon tous les fumiers dont elles peuvent avoir beſoin. Il réſultera de cette pratique pluſieurs avantages conſidérables. D'abord le ſol étant ouvert recevra bien plus aiſément les ſels & la graiſſe que les influences de l'air, les brouillards, les tems gras de l'Hiver & la neige ſurtout y dépoſent toujours, ſelon cet axiome, *Nix quæ cadit, opimat terram.* Elle produit encore d'autres effets. Jointe à la gelée, elle fait périr les mauvaiſes herbes & les inſectes, & la charrue pénétre enſuite plus aiſément la terre; parce que rien ne l'ameublit mieux que de la labourer & de la fumer dans cette ſaiſon. Quant au ſecond labour, il eſt très-important de le faire avant les grandes chaleurs; parce que le tems de hâle & le ſoleil ardent en enleveroient les ſels & les ſucs. Qui eſt-ce qui ignore qu'ils en déſsèchent & pompent juſqu'aux eaux qui s'y trouvent. Ne labourez donc dans cette ſaiſon rigoureuſe que quand de mauvaiſes herbes, plantes, ou racines ont pouſſé dans votre champ; car il ſeroit trop dangereux de les laiſſer monter à un certain point, puiſqu'elles ne peuvent le faire qu'aux dépens des ſels & des ſucs qui doivent nourrir le bled; & que d'ailleurs ſi elles montoient en graine, elles l'en rempliroient totalement. Néanmoins lorsqu'on est contraint de labourer dans cette saison, autant qu'on le peut, il faut profiter des tems couverts & sombres. Le beau tems, le hâle, le soleil qui leur succède, déssècheront les mauvaises herbes que la charrue aura déterrées & renversées, & les feront périr.

Le troisième labour, pour les terres destinées à mettre en froment, doit être commencé à la fin d'Août, ou au commencement de Septembre; car pour celles qui doivent être ensemencées en seigle, il faut les préparer pour les faire semer le 15, ou le 20 du mois de Septembre. On doit alors leur donner le quatrième labour aussi profond que les précédens. A mesure que la charrue retourne la terre, on en fait la semaille que l'on enterre à la herse, après en avoir chaulé ou enchaussé la semence, comme je l'ai marqué au commencement du Chapitre précédent. Il est certain qu'en suivant ma méthode, la semence se répandra par-tout plus exactement, & qu'elle fournira le champ, de façon qu'on n'y appercevra aucune lacune. Ce qui n'arrive pas toujours avec des ſemoirs à bras, la charrue à trémille, ou avec toute autre machine à laquelle on voudroit donner cours. Bien entendu que celui qui ſemera, obſervera attentivement de proportionner la quantité de ſemence qu'il convient de donner à chaque nature de terre; c'eſt-à-dire, que plus une terre ſera bonne, forte, franche, &c. plus il lui faudra de ſemence; plus elle ſera légère, médiocre, ou mauvaiſe, moins il faudra lui en diſtribuer. Par cet article, comme ſur bien d'autres, je me trouverai en contradiction avec un Auteur moderne qui vient d'annoncer au Laboureur, que plus une terre eſt bonne & forte, moins il lui faut de ſemence : plus elle eſt légère, médiocre ou mauvaiſe, plus elle en a beſoin. Peut-on, avec tant d'années d'expérience que l'on dit avoir, enſeigner des principes auſſi faux ſur l'Agriculture ? Vérité conſtante dont j'ai acquis la preuve par une infinité d'expériences. Il eſt d'autant plus avantageux de s'attacher à mes principes, qu'ils ſont fondés ſur une pratique réitérée de plus de vingt années, & qui n'occaſionneront aucuns frais extraordinaires. Car encore un coup avec la charrue & la herſe ſeulement je me procurerai toujours une récolte plus belle & plus abondante, que ceux qui font des dépenſes pour ſe fournir de tous les inſtrumens que l'on invente journellement, ſous le prétexte ſpécieux de contribuer à la perfection de l'Agriculture. Cependant j'ai des terres de toutes les eſpèces. Dans les unes on trouve du ſable, du crayon, de la marne; dans les autres des cailloux, un peu d'argille & de la glaiſe. Celles-ci ſont chaudes, courtes, caſſes, & glutineuſes : celles-là ſont fortes, lateuſes, bonnes, humides & froides. J'en ai de meubles, de noires, de franches, & même quelques arpens en blanc limon. Toutes ces ſortes de terres, en leur faiſant donner quatre labours d'égale profondeur, relativement à leur différente qualité, en planche un peu bombée, ſelon que le terrein eſt plus ou moins humide, ne gardent jamais l'eau. Auſſi n'y en a-t-il point eu ni en 1763, ni en 1764, quelqu'humides qu'ayent été les Hivers de ces deux années. Il eſt vrai que dans celles qui étoient les plus humides, j'en ai fait écouler les eaux par des ſangſues dans des foſſés où elles ne pouvoient nuire : ce qui fait qu'il n'y a pas un brin d'herbe dans mes gerbes de la récolte de l'année dernière ; & quelque gelée qu'il eût pu venir, elle n'auroit jamais endommagé mes bleds. Il n'en eût pas été de même de ceux de mes voiſins qui ſont reſtés en grande partie dans l'eau pendant un tems conſidérable, quoique dans des terreins bien moins bas que les miẽns; la gelée les auroit aſſurément coupés en grande partie par la racine. Si les terres que j'ai vues en Picardie avoient été labourées en planche & ſemées à la herſe avec la ſemence chaulée ou enchauſſée, comme je l'ai dit plus haut, & que les plus humides euſſent été traverſées par des ſangſues de même que celles qui ſe trouvoient dans les pentes, la grande pluie du 13 Octobre dernier n'y auroit point fait de dégât, ſoit en les battant trop, ſoit en ſurnageant ſur la ſuperficie, ſoit en reſtant entre deux terres, ſoit enfin en dégradant celles qui étoient en pente. Ces dernières doivent toujours être labourées en travers, & jamais en ſuivant la pente ; afin que les eaux qui tombent, puiſſent s'écouler dans les raies de chaque planche, & de là ſe décharger dans les ſangſues que l'on multiplie à proportion du beſoin que peut en avoir le terrein qui doit être enſemencé, en les dirigeant toujours vers l'endroit où l'on veut qu'elles conduiſent les eaux, ſans cauſer aucun dommage. J'ai conſtamment ſuivi cette marche avec ſuccès, comme je le ferai voir, lorſque je parlerai des moulières. L'on a dû remarquer que par ma façon de cultiver, de fumer la terre, & de mettre la ſemence en chaux, je garantis mes bleds des ravages de la glace, des mauvaiſes herbes & graines. Je fais plus. Je les mets encore à l'abri des ſécherеſſes les plus grandes & des vents impétueux. En effet mes bleds ne ſouffrant en aucune façon pendant l'Hiver, quelque rigoureux qu'il puiſſe être, doivent être beaux & forts au Printems. Auſſi ſuis-je obligé quelquefois d'en faire ôter en partie les fanes, ou de les faire manger par les beſtiaux. Des bleds de cette eſpèce, & même de moins forts, ne peuvent être altérés par aucune ſéchereſſe ; parce que la terre en étant parfaitement couverte, elle conſerve d'autant plus facilement ſon humide, qu'il s'y renouvelle tous les jours par le ſecours ou des vapeurs qui ſortent de ſon ſein, ou de la roſée qui tombe aſſez régulièrement tant le ſoir que le matin. Effet dont ne peut ſe reſſentir un champ qui n'eſt pas bien couvert par ce qu'il a produit pendant l'Hiver. Les miens en éprouvent encore d'autres. Tout le monde ſait quel dommage c'eſt pour un Fermier que ſes bleds ſoient verſés. Pour peu que les pluies continuent, ils pourriſſent ou ils germent. De-là vient que les pailles en ſont noires, gâtées, & ont ſouvent une ſi mauvaiſe odeur, qu'elles ne peuvent ſervir qu'à faire de la litière. D'ailleurs le grain ne murit que très-difficilement ; ſouvent même il n'en vient pas à ce point, & il y en a beaucoup moins que dans une récolte qui reſte toujours droite. Pour ſe préſerver de ce funeſte revers, le Laboureur doit voir

voir par la nature de la terre quels engrais il convient de lui appliquer, pour donner de la force & du nerf à la paille. Les marnes, le parc, les différentes terres neuves, & la façon dont je fais chauler ou enchauſſer ma ſemence, m'ont juſqu'à préſent, tant à Ville-pariſis, qu'à Belle-fontaine, empêché d'avoir des bleds verſés, quoiqu'ils fuſſent toujours plus grands & plus garnis que ceux de mes voiſins. Il eſt vrai que les ouragans & les tempêtes des deux dernières années en ont fait plier beaucoup; mais dès le lendemain ils ſe ſont trouvés relevés, & ſe ſont ſoutenus enſuite comme s'ils n'avoient éprouvé aucune ſecouſſe. Ce qui achève de démontrer que les engrais ont contribué à les rétablir dans leur premier état, c'eſt que ceux qui n'avoient eu que des fumiers de baſſes-cours, ſont reſtés par terre. Les récoltes dont les terres & la ſemence ſont apprêtées, comme je l'enſeigne, ſont donc à l'abri de toutes les rigueurs des différentes ſaiſons, je veux dire de la pluie, de la gelée, de la ſechereſſe, & des vents les plus conſidérables. Voyons maintenant quels ſont les labours, & comment on doit les donner pour diſpoſer les terres à recevoir les avoines, les bleds de Mars, & les autres menus grains. Voici ce que j'ai conſtamment fait, & qui m'a toujours procuré juſqu'à préſent la récolte la plus abondante. Je fais donner les labours aux terres à mettre en Mars ſitôt que les bleds ſont enſemencés, afin qu'elles puiſſent avoir reçu un labour avant, ou tout au plutard pendant le commencement de l'Hiver. Si le tems eſt favorable, je fais donner le ſecond labour le 10 ou le 15 de Février. On jette tout de ſuite la ſemence pour profiter des avantages du Proverbe qui porte que *les avoines de Février rempliſſent le grenier.* En effet, j'ai toujours expérimenté depuis 1742, que je n'ai jamais eu d'avoines plus grainées, de meilleure qualité, & plus abondantes en bon fourage que celles qui avoient été ſemées dans ce mois. Et s'il m'eſt arrivé d'en avoir quelquefois pluſieurs arpens de gelées, j'en ai toujours été bien dédommagé; car le troiſième labour que je fais donner alors, joint au petit engrais que le grain gelé avoit procuré à la terre, y ont si bien fait, que ces arpens m'ont toujours donné douze à quinze bichets plus que ceux dont la semence n'avoit point été altérée par la gelée. Ainsi par le moyen d'un labour estimé 4 liv. & de trois bichets d'avoine que j'ai fait ajouter, & que j'évalue à 3 liv. j'ai retiré le montant de 12 à 15 liv. Il demeure donc pour constant que je n'ai rien perdu en faisant de nouveau semer mes terres. Au reste l'accident de la gelée n'est pas annuel; car il ne m'est arrivé que deux fois depuis cinq ans que je fais valoir à Belle-fontaine.

Je ne borne cependant pas mes soins à ce que je viens de décrire. Dès que mes avoines sont hautes de quatre à cinq pouces, je les fais toutes herser par un tems un peu sec de deux ou trois dents, selon que la disposition du sol l'éxige, ou qu'il y a trop de plante. Cette opération en enlève le superflus, arrache les mauvaises herbes, donne une façon à la terre, l'ameublit, & lui procure une espèce de binement; en sorte que, s'il survient une pluie, la plante se relève, ſe perche, & pouſſe des franges bien plus belles, que celles qui n'ont point eu cette façon. Je la fais auſſi donner quelquefois par un tems ſec dans le Printems à mes bleds qui ont été les derniers ſemés ; parce que les rigueurs de l'Hiver les ont empêchés de ſe fortifier. Outre les avantages dont je viens de faire la peinture, je garnis leurs pieds de terre, en ſorte qu'on les voit pouſſer à vuë d'œil, & très-ſouvent ils deviennent auſſi beaux que les premiers ſemés. Ordinairement même, quand ils ne ſont pas bien forts, je fais paſſer deſſus au mois d'Avril la herſe à l'envers, ce que l'on appelle, en terme de Laboureur, faire poudrer les bleds. Par cette façon on écraſe les petites mottes que l'Hiver a formées, ce qui renchauſſe le pied & la racine des bleds. Que l'on ne cherche donc plus de nouveaux inſtrumens pour leur donner au Printems de nouveaux labours, puiſqu'on peut faire beaucoup plus avantageuſement avec la charrue & la herſe ſeules toutes les opérations de l'Agriculture. En effet, en ne faiſant uſage que de la dernière en 1764, j'ai ſauvé toute ma récolte de Mars, tandis que les ſechereſſes ont preſque fait périr une bonne partie de celle des autres. Pendant que les pluies étoient ſuſpendues, j'ai fait deux fois herſer mes avoines pour deſceller le ſol, l'ameublir, & donner du jeu à la plante, qui ſeroient preſque toutes péries ſans cette précaution, tant la terre étoit endurcie & maſtiquée. Les pluies ſont tombées après ces deux façons, & mes avoines ont pouſſé avec tant de célérité, & ſont devenues ſi fortes, même dans les plus mauvaiſes terres, que les gens du pays & les étrangers qui ſont venus chez moi, en ont été dans le plus grand étonnement. Je prends encore d'autres meſures pour recueillir tous les fruits des ſoins que je me ſuis donnés. Au lieu de faire faucher mes avoines, je les fais toutes ſcier. J'évite par ce moyen les pertes qu'occaſionne le fauchage, qui ſont plus grandes qu'on ne le penſe communément. Je ſais par expérience qu'en les faiſant faucher, on perd d'abord au moins la ſemence. D'un autre côté, comme on ne peut pas les retourner pour les faire javeller également par-tout, une assez grande partie tombe avec la paille quand on les vanne. De plus étant collées par terre, depuis qu'on les fauche jusqu'à ce qu'on les ramasse, elles germent quelquefois, & l'herbe dans cet intervalle, ou l'avoine même qui est tombée venant à pousser, elles s'entrelassent dans les ondains : on est par conséquent obligé de forcer le rateau pour les en arracher ; ce que l'on ne peut faire, sans qu'il en tombe encore au moins une semence, & toujours la plus belle & la plus mure. Pour moi, sans qu'il m'en coute beaucoup plus, je me suis toujours mis, non-seulement à l'abri de toutes ces pertes ; mais j'ai donné encore à mes avoines une qualité si supérieure à celle des autres, que je les vends toujours au marché de Montereau trois ou quatre sols par bichet plus que les autres. Tels sont les avantages que l'on retire de ma façon de labourer les terres, de les fumer, de mettre en chaux la semence, & de faire la récolte. Quiconque voudra s'y conformer, tirera un très-bon parti de ſes terres, même les plus mauvaiſes, ſoit pour l'abondance des pailles, ſoit pour la quantité & la qualité des grains, ſoit pour la ſanté des hommes & des animaux domeſtiques.

CHAPITRE IV.

Moyens de conſerver ſans riſques & ſans frais les bleds pendant pluſieurs années.

SANS m'arrêter à combattre les différens ſyſtêmes que l'on a propoſés juſqu'à préſent ſur la néceſſité de conſerver pendant long-tems les bleds ſains & ſauſs, je me contenterai d'indiquer un moyen ſûr pour y réuſſir. Je le préſente avec d'autant plus de confiance, qu'il n'éxige aucuns frais, & que j'en ai fait l'expérience avec ſuccès.

Il eſt fort ſimple. Le voici. Quand le bled eſt battu, on le laiſſe dans ſa paille, c'eſt-à-dire, dans la paille au vent. A meſure qu'on le bat, on le met de côté, ſoit dans un coin de la grange, ſoit dans tout autre endroit un peu ſec ; & dès qu'on a rentré dans la grange des gerbes de bled de la nouvelle récolte, autant qu'il en faut pour former trois lits, & les avoir bien entaſſées, on fait jetter deſſus, le bled qu'on a gardé dans ſa menue paille, environ l'épaiſſeur de deux ou trois pouces. Cette opération faite, on forme de nouveau deux lits de gerbes, ſur leſquelles on répand la même quantité de bled dans ſa menue paille, & l'on continue de la ſorte à proportion de la quantité qu'on veut en garder. Ce grain ainſi mêlé avec la nouvelle récolte s'y façonne, ſue de nouveau, ſe régénère, pour ainſi dire, dans le tas, y acquiert une qualité qu'il n'avoit point; & jamais il ne s'y gâtera, pourvu que la nouvelle récolte ſoit ſaine & bien ſeche. Ce bled, quoique gardé pendant cinq ou ſix ans, peut ſervir de ſemence, comme je l'ai expérimenté en 1746. Il eſt d'ailleurs plus en ſûreté dans cet endroit que dans tout autre; car il n'eſt pas poſſible que les rats, les ſouris, ou les autres vermines puiſſent y entrer, tant il eſt ſerré dans le tas, ſoit par ſa peſanteur naturelle, ſoit par celle des gerbes dont on le couvre. L'air même n'y peut pénétrer. Il n'y a donc qu'à gagner à cette façon de conserver le bled, puisqu'elle le bonifie; & je ne puis mieux comparer le grain ainsi gardé, qu'au bon vin vieux, qui est d'autant plus excellent qu'il a plus d'années. Aussi le bled de six ans sera-t-il toujours meilleur que celui de la nouvelle récolte, & même de deux ou trois ans.

En faisant vanner le bled, sur-tout avec le moulin dont on se sert en Picardie, on peut encore le conserver dans le grenier sain & sauf pendant deux ou trois ans, pourvu que la récolte en ait été bien saine & seche. On ne peut trop recommander l'usage de cet instrument. Il fait tout à la fois quatre opérations par le seul secours d'un jeune homme de douze à quinze ans. Il jette environ 18 pouces derrière lui la menue paille; la poussière & les mauvaises graines tombent à travers un grillage de fer sur lequel le bled se façonne: dans le dessous du moulin sont les balles, ou comme l'on dit ailleurs les ottons; & le bled bien nettoyé & bien purifié tombe dans le devant. Il est, selon moi, la plus utile & la plus nécessaire machine qu'on ait jamais inventée pour l'avantage de l'Agriculture. Elle eſt bien moins fatiguante que le van. Elle épargne les mains d'œuvre, & met le bled d'une ſeule opération dans l'état où il doit être à quelque uſage qu'on le deſtine. Les deux moyens que je viens de propoſer pour garder ſans aucuns frais des bleds pendant pluſieurs années, ne ſuffiront-ils pas, ſans en employer d'autres, preſque toujours diſpendieux, quelquefois même peu ſûrs ?

On trouve ce moulin à Paris chez un Menuiſier rue des Prouvaires. Le prix modique qu'il coute, donne à tous les Fermiers la facilité de ſe le procurer. Celui qui les vend, en a fait qui ſont auſſi très-utiles pour vanner les avoines. En en faiſant uſage, il n'y reſte ni pouſſière, ni mauvaiſes graines qui ſont ſi pernicieuſes aux Chevaux.

* * *

CHAPITRE V.

Moyens d'améliorer les Prés bas & les Prés hauts.

ILs ſont aſſez ſimples & en petit nombre pour les prés hauts. Le principal eſt de ne pas les fumer. Ces ſortes de ſols ont aſſez de ſels & de ſucs pour n'avoir beſoin d'aucun engrais. Qui ne ſait pas qu'en les faiſant labourer pour y ſemer du grain, ils rapportent ſept ou huit récoltes de ſuite ſans en éxiger aucuns ? Je l'ai pluſieurs fois éprouvé depuis 1742. Preuve bien évidente que les prés hauts ſe ſuffiſent à eux-mêmes pour leurs productions. Suppoſé néanmoins que la récolte fût plus abondante en conſéquence du fumier qu'on y auroit mis, on n'en retireroit pas de plus grands avantages ; parce que cet engrais donnant un fort mauvais goût à l'herbe qu'elle conſerve pendant deux ou trois années, les animaux n'y veulent pas toucher, & en foulent aux pieds les trois quarts; ou s'ils en mangent, plusieurs en sont malades, quand l'engrais que l'on a employé est d'une mauvaise nature: tels que le sont, par exemple, ceux de gadoue, de balayeure de cuisine, & autres semblables. Il est vrai que quelquefois ces engrais font périr la mousse qui, en empêchant les productions de bonnes herbes, n'en occasionnent que de mauvaises. Mais il y a un moyen plus sûr pour la détruire, sans aucun inconvénient. C'est d'y bien faire passer pendant l'Hiver, dans les tems sur-tout qui sont couverts de neige, une herse à dents de fer, jusqu'à ce que toute la mousse soit arrachée. Par cette opération, non-seulement vous l'enleverez tout entière, mais vous la mêlerez encore avec la terre que les taupes ont ramenée sur le sol, avec la neige, & avec tous les excrémens des bestiaux qui y auront auparavant pâturé. Ce mêlange formera un engrais bien plus analogue à la nature de vos prés, & vous ne craindrez pas d'en éprouver aucune mauvaise suite. Après les gelées, & quand l'herbe commencera à pouſſer, vous ferez paſſer pluſieurs herſes à l'envers ſur ce ſol. Vous ameublirez par ce moyen tous les engrais, & vous rechaufferez le pied de l'herbe. Non-ſeulement elle en produira beaucoup plus, mais elle ſera encore d'une meilleure qualité; & vous rendrez par là utile à vos prés ce qui leur auroit été nuiſible, ſi vous l'euſſiez laiſſé dans l'état où il étoit auparavant. Néanmoins ſi vos prés hauts éxigeoient abſolument quelqu'autre engrais, vous ne pourriez pas leur en donner de meilleur que le parc: il détruira toutes les mauvaiſes herbes, les racines, la mouſſe, & tout ce qui pourroit nuire aux bonnes productions; & s'il eſt appliqué à propos, il n'en fera faire que de très-ſaines & très-abondantes: avantage que ne procureront jamais dans cette partie tous les fumiers de baſſes-cours & les autres engrais.

On peut arranger de même les prés bas & les marais qui ſont trop humides. Ils ne donnent ordinairement que de l'herbe aigre & rouillée; parce que les eaux y croupiſſent & s'y corrompent. La rouille s'y attache même quelquefois si fortement, qu'on ne peut l'en détacher en la faisant faner pour en faire du foin. Aussi les Chevaux ne veulent-ils point en manger la plûpart du tems; & si les Vaches s'en nourrissent, elle les brûle, ou elle les pourrit avec le tems. Il arrive même assez ordinairement que plus elles en mangent, plus elles veulent en manger; parce que cette sorte de nourriture leur passe aussi facilement qu'un remède. Comme elle ne séjourne pas dans le corps, ces animaux ne donnent presque point de lait, maigrissent insensiblement, & dépérissent à vuë d'œil. Elle est aussi nuisible aux autres bestiaux. Pour prévenir ces effets funestes, faites autour & à travers de vos prés bas & marais des fossés assez grands pour en épuiser les eaux. La terre que vous en retirerez, pourra non-seulement être jettée & répandue sur les prairies mêmes, mais encore être transportée sur les terres propres à être mises en labours, & qui n'en sont point éloignées. Elle leur fera beaucoup plus de bien, & les fumera pour plus de tems que tous les fumiers de quelque espèce qu'ils puissent être. Ces opérations faites, on pourra les herser de la manière que je l'ai enseignée en parlant des prés hauts. L'herbe a changé de nature dans les prés bas où j'ai pris cette précaution, & depuis trois ans elle y est plus abondante & meilleure. Les voitures y passent, comme par-tout ailleurs, tandis qu'auparavant elles ne pouvoient y entrer sans que les roues y enfonçassent jusqu'au moyeu. Aussi étoit-on obligé d'en transporter à bras une bonne partie des productions. Les bestiaux y vont aussi plus aisément, & y trouvent une nourriture plus bienfaisante.

Ce n'est donc point à former des prairies artificielles, en général si nuisibles aux bestiaux, qu'il faut s'occuper, mais à rendre fertiles celles qui subsistent déja. Je conviendrai volontiers que l'Auteur de la Nature n'a pas créé inutilement la luzerne, le tréfle, &c. mais cela ne doit pas empêcher d'avoir attention de ne mettre ces sortes de graines que dans les pays où les vapeurs & les exhalaisons de la terre & les influences de l'air ne ſont point aſſez fortes pour les rendre nuiſibles aux animaux, & dans les terres où elles viennent avec plaiſir. Quelqu'un ignore-t-il que la luzerne de Provence eſt plus eſtimée que celle des autres climats ? Au reſte, il eſt aſſez inutile de mettre, dans quelque contrée que ce ſoit, en prairies artificielles, des terres propres à rapporter du bled & du bon fourage; puiſqu'en mettant en bon état les prairies naturelles, elles ſont plus que ſuffiſantes pour pourvoir à la nourriture des beſtiaux, & que d'ailleurs on peut faire valoir dans toute ſorte de pays tel corps de Ferme que l'on voudra, ſans aucune prairie artificielle. Les animaux étant alors plus ſainement nourris s'en porteront beaucoup mieux.

CHAPITRE VI.

Comment on peut faire, presque sans frais, les défrichemens.

TOUS les défrichemens, de quelque nature qu'ils soient, ne doivent être faits qu'avec la charrue dans les mois d'Octobre, de Novembre, de Décembre, ou de Janvier. Etant retournés dans cette saison, le gazon se pourrit pendant l'Hiver; & la terre, en s'ameublissant, devient propre à bien enterrer la semence qu'on y jettera dans le mois de Février ou de Mars, selon le tems qu'il fait dans l'un ou l'autre de ces deux mois : car s'il est beau dans le premier, on ne doit point hésiter d'ensemencer les défrichemens. Pleins de sels & de sucs que la neige, les brouillards, les vapeurs de la terre, & les influences de l'air y ont déposés, ils sont bien plus propres à la production, que si on les eût faits pendant l'Eté ; parce qu'alors les ſucs & les ſels qu'ils auroient renfermés ſe ſeroient évaporés, ou auroient été deſſéchés & brûlés par la grande chaleur & les ardeurs du ſoleil. Il eſt aiſé de juger par ces effets funeſtes, combien la méthode de ceux qui enſeignent qu'il faut brûler le gazon, doit être pernicieuſe ; & combien il eſt eſſentiel de ne la pas laiſſer accréditer. Tout ce que l'on peut donc faire dans cette ſaiſon, c'eſt de mettre les défrichemens qu'on doit faire, en état de recevoir la charrue à la fin de l'Automne, ou au commencement & pendant l'Hiver : je veux dire qu'il faut en faire arracher toutes les racines, & ôter tous les obſtacles qui pourroient arrêter la charrue. Cette opération ſe fait ou au profit de celui qu'on emploie, & alors on ne lui donne point d'autre ſalaire ; ou au profit du propriétaire. Si on prend ce dernier parti, quoiqu'alors on paye l'ouvrier, on y gagne quelquefois par la quantité de racines & de bois qu'on en retire. Il eſt vrai qu'il ſe trouve des défrichemens où il en coute beaucoup plus, parce qu'il ſe rencontre des roches ou pierres, dont on ne peut retirer aucun avantage ; mais l'on en eſt bien dédommagé par les récoltes réitérées qu'ils procurent.

Après la première récolte de ces défrichemens, qui eſt toujours aſſez bonne, je les fais labourer dans la même ſaiſon que la première fois ; parce qu'indépendamment des avantages dont j'ai déja parlé, le gazon qui eſt pourri, de même que les petites racines qui ſont reſtées dans cette terre, forment un engrais qui procure trois ou quatre récoltes de ſuite dans les terres médiocres : dans les bonnes & les mauvais prés que l'on défriche, ſix, ſept ou huit, ſuivant la nature du ſol, ſans avoir beſoin d'aucun amendement.

La première ſemence qu'on doit mettre dans les défrichemens, eſt celle d'avoine. C'eſt la ſeule qui vienne plus facilement dans les terres que l'on commence à mettre en culture ; & ce grain ſe plaît même dans la friche. Car pour y ſemer du bled, il faut attendre que la terre n'ait plus que les ſels & les ſucs nécessaires pour sa production. Autrement les bons terreins n'étant pas suffisamment usés par les menus grains, les bleds venant à verser, la paille en seroit gâtée, peut-être même pourrie, & les épis très-peu garnis de grains. D'ailleurs le sol n'étant pas encore bien ameubli, cette plante qui ne se plaît pas dans les défrichemens, n'y feroit sa production que très-difficilement. J'ai fait défricher de mauvais prés : j'en ai déja tiré cinq récoltes de suite d'avoine. Je compte encore en faire deux ; & après la septième, y faire donner sur le champ un labour, le second en Septembre, & le troisième en Octobre, pour les ensemencer en bled froment. Ce seront donc huit récoltes de suite que j'en aurai tirées sans y avoir mis aucun engrais, & j'espère encore en avoir l'année suivante, après deux bons labours d'Hiver, une abondante récolte d'avoine, qui fera la neuvième.

Quelqu'un me dira sans doute : Pourquoi ne faites-vous donner qu'un labour à ces terres nouvellement défrichées pendant ces sept premières récoltes, & cela toujours pendant l'Hiver ? Il eſt aiſé de ſatisfaire ceux qui n'en ſentent pas la raiſon. C'eſt pour en ménager les ſels & les ſucs ; parce que rien dans cette ſaiſon ne peut les altérer. C'eſt encore le même motif qui m'engage à ne les faire enfoncer que peu à peu ; parce qu'en ramenant ſur ce ſol dans les deux ou trois premières années un peu de terre neuve , j'ai une récolte plus abondante en paille & en grain. Ceux-là ſe trompent donc bien groſſièrement qui prétendent qu'il faut renvoyer les défrichemens à un autre tems, & attendre que les autres terres ſoient dans toute leur valeur ; car rien n'eſt plus avantageux pour exécuter la dernière opération, que de faire défricher. Les fourages abondans qu'on en retirera, ſeront très-utiles pour fumer les autres terres qui ſeront en jachère. J'oſe donc aſſurer que tout doit porter à y travailler ſans relâche. Le Gouvernement en ſent bien la néceſſité depuis quelque tems, puiſqu'il ſeconde la bonne volonté de ceux qui ont le courage de les entreprendre. On raiſonne encore aſſez mal, lorſqu'on dit qu'il faut enfoncer les terres d'un pied ou de neuf pouces. Car outre qu'on n'y réuſſiroit pas, même à force de tirage dans preſque toute ſorte de ſol, ceux ſur leſquels l'opération pourroit s'exécuter, pourroient bien ne pas procurer une ſeule bonne récolte.

Les défrichemens qui ſont enclavés dans les terres qui ſont en culture, ſont encore plus néceſſaires : car ils ſervent de retraite à toutes ſortes de vermines, qui mangent & dévorent dans certaines années toutes les récoltes des terres qui les avoiſinent : tels ſont les mulots, les ſouris, & les gros vers qui produiſent les hannetons. On y trouve même, en les faiſant défricher, juſqu'à des nis de lézards & de couleuvres. Le ſeul moyen de détruire tous ces inſectes, eſt de mettre les terres en valeur.

Voici comment je m'y ſuis pris pour cultiver celles qui étoient en friche, à cauſe des roches dont elles étoient remplies. J'en ai fait enlever les moins groſſes. J'ai fait enterrer les autres en les faiſant tomber dans de grands trous ou foſſés que je faiſois creuſer auprès; je les ai fait ensuite couvrir de terre, de même que celles qui n'étoient que sur la superficie du sol; afin de pouvoir labourer par-tout, sans que la charrue fût arrêtée ou brisée. J'ai retiré un double avantage de cette opération. 1°. J'ai rendu toute ma terre labourable. 2°. En la faisant creuser, j'ai trouvé de très-bonne marne que l'on tiroit aisément, puisqu'elle n'étoit qu'à un pied en terre : j'en ai fait transporter sur le même sol où je l'avois trouvée, & qui en avoit besoin, de même que dans d'autres terres qui en étoient proche; & elles m'ont procuré en 1764. des récoltes plus belles & plus abondantes que celles où je n'avois fait mettre que des fumiers de basse-cour. Quant à celles où les pierres n'étoient pas plus grosses à peu-près que des moëllons, & de moindre grosseur, je me suis borné à les faire voiturer dans les chemins, en faisant ramener dans ces mêmes terres de la marne, du gazon, ou de la terre neuve. Je n'ai plus été exposé à voir mes charrues brisées: mes chevaux & mes charretiers en ont beaucoup moins de mal,

&

& elles n'ont plus étouffé ni brûlé la plante du grain, comme elles auroient fait, lorſqu'elles auroient été échauffées par l'ardeur du ſoleil.

On s'y prend autrement pour rendre fertiles les terres incultes qui ſont auprès des bois. Il eſt également intéreſſant & pour les terres, & pour les bois, qu'ils ſoient ſéparés par de bons foſſés profonds, & à pied droit le plus qu'on le peut. D'abord la terre ou la marne qu'on en retire, peut ſervir d'engrais, en la faiſant répandre ſur le ſol; & les racines du bois & les ronces ne pouvant plus s'étendre dans cette terre, elles n'en épuiſent plus ni les ſucs, ni les ſels; & l'ombre du bois étant plus éloignée, ne peut plus nuire à la récolte. On empêche de plus par cette précaution les vermines d'aller manger le bled; & ſi on ne ſe garantit pas tout-à-fait des lapins, il eſt très-certain qu'on diminue beaucoup le dégât qu'ils iroient y faire. D'un autre côté le bois ayant plus d'air, en profite beaucoup mieux, & les beſtiaux ne peuvent plus s'y gliſſer pour le dégrader.

Ces ſortes de foſſés ſont auſſi très-utiles le long des chemins & voiries, ſur-tout lorſqu'ils ſont fréquentés par les beſtiaux que l'on mène aux Foires : j'en ai fait l'expérience dans la terre de Bellefontaine. Outre que j'ai rendu ces chemins plus pratiquables, c'eſt que j'ai encore garanti les grains des ravages des beſtiaux que l'on conduit à la Foire de Flagi. J'ai empêché la récolte d'être renverſée par les eaux qui tomboient, dans les tems d'orages, des montagnes & buttes dont mes terres ſont environnées. J'ai détourné les ſources qui en ſubmergeoient une partie; & en mettant les chemins dans leur largeur néceſſaire, j'ai gagné pluſieurs arpens de terre qui n'étoient auparavant que des friches, & d'aucun rapport. C'eſt donc à tort qu'un Auteur moderne s'élève indiſtinctement contre les foſſés : car s'ils peuvent être inutiles dans quelques circonſtances, ils ſont très-avantageux dans bien d'autres. Je ne dis rien ici des terres qu'on ne peut cultiver à cause des moulières qui les inondent ; je me reserve à en parler, lorsque je traiterai cette matière en particulier dans le Chapitre suivant.

CHAPITRE VII.

Des Sources & Moulières.

IL paroît aſſez inutile de chercher à faire connoître combien il eſt eſſentiel de faire perdre les ſources & moulières, qui ſe trouvent dans des terres propres à être miſes en culture. Qui eſt-ce qui ne ſait pas que les grains qui ſont dans des terres où l'eau ſéjourne trop pendant l'Hiver, ſont expoſés ou à pourrir, ou à être coupés par la racine, lorſqu'il ſurvient de fortes gelées ? La terre ne produit, après ces accidens, que de mauvaiſes herbes ou plantes qui y gâtent & corrompent dans les granges, la plûpart du tems, le peu de bled ou d'autres grains qu'on a recueillis. Il eſt donc de la dernière conſéquence de ne rien négliger pour faire perdre les eaux dans toutes les terres deſtinées à être miſes en labours. J'ai déja fait entrevoir qu'il n'y a aucune nature de terre qui ne soit susceptible de cette opération ; & on y reussira toujours, soit en les labourant, comme je l'ai dit plus haut, en planches plus ou moins larges, plus ou moins bombées, & en leur faisant donner quatre bons labours d'égale profondeur. En y semant ensuite les grains à la herse, après y avoir mis les engrais convenables, & avoir bien ameubli le sol, les eaux s'y filtreront toujours aisément ; sur-tout, si l'on a soin, quand elles sont trop abondantes, d'y faire des sangsues qui traversent les planches.

Les moulières ne sont occasionnées que parce que le sol de dessous est fort pesant, casse, glutineux, ou glaiseux. L'eau ne pouvant y pénétrer reste sur la superficie ou entre deux terres. On lui facilitera sûrement le passage, si on commence à faire conduire dans ces sortes de sols deux ou trois tombereaux de marne de plus que dans les autres terres. Il faut ensuite y faire voiturer du gazon ou des terres neuves, des endroits un peu sablonneux, & différens fumiers mêlés de basse-cour. Ces trois engrais avec les quatre labours que j'ai fait donner à ces terres, les ont tellement ameublies, que deux Chevaux ne fatiguent pas plus à y tirer la charrue, que s'ils étoient dans les terres franches, tandis qu'auparavant trois suffisoient à peine. En retournant cette terre, la charrue en enlevoit des parties qui pesoient jusqu'à 50 ou 60 liv. & elle s'en remplissoit de façon, que le charretier étoit continuellement obligé de la recurer. Aussi quoique l'Hiver ait été fort humide en 1764, n'y est-il pas resté une seule goutte d'eau.

Je n'ai rien à ajouter à ce que j'ai dit ailleurs des sources que j'ai détournées par le moyen des fossés que j'ai fait creuser, & que j'ai fait conduire tant par des sangsues, que par de petits fossés, soit dans mon potager, soit dans d'autres endroits : ainsi je me contenterai d'indiquer les moyens dont je me suis servi pour faire perdre dans la terre même les différentes sources qui en inondoient des portions. Je me suis d'abord attaché à découvrir d'où venoient ces sortes de sources ; & après m'être bien assuré de l'endroit où elles commençoient, j'ai fait faire des ſangſues un peu larges juſqu'au champ où il y avoit de la terre meuble, & remuée par les taupes. Voyant que l'eau s'y perdoit à meſure qu'elle y arrivoit, j'ai fait faire dans cette pièce un petit puiſart. Je l'ai fait remplir juſqu'à un pied au-deſſous du ſol, de pierres qu'on avoit ramaſſées dans le champ même. J'en ai auſſi fait mettre dans la ſangſue un peu large, qui y conduiſoit l'eau depuis la ſource. J'ai fait enſuite couvrir de terre & le puiſart & la ſangſue. Je n'ai ceſſé depuis 1760. de faire labourer par deſſus tous ces endroits, & jamais il n'a paru depuis ſur la terre une ſeule goutte d'eau. Quand les ſources avoiſinent les endroits où l'eau peut être néceſſaire, alors le puiſart devient inutile. On ſe contente de faire un petit foſſé depuis la ſource juſqu'au lieu où on veut la faire écouler. On remplit le foſſé de pierres que l'on couvre enſuite de terre, ſur laquelle on fait paſſer la charrue. Par ces meſures je n'ai plus aucune friche occaſionnée par les ſources ou les moulières, & je fais labourer en planches par-tout où il y en avoit, comme dans les terres qui ont toujours été en valeur.

Quant à celles qui étoient incultes, parce que le sol en étoit brûlant, trop rempli de crayon, de marne, de sable, ou de cailloux, je n'ai employé, pour les rendre propres à la production, que de bonnes terres lateuses, d'autres froides & humides, & des gazons que j'ai fait prendre dans des champs où il se trouvoit, quelquefois trois, quatre, & même cinq pieds de profondeur de cette terre, ou dans les chemins. J'y ai aussi fait voiturer de bonne terre noire, & des recurages de fossés, en ne faisant ces transports que de proche en proche : j'ai fait perdre les moulières qui y étoient, en y mettant du gazon & différens fumiers ; & après les avoir fait labourer en planches un peu bombées, j'y ai pratiqué quelques sangsues. Ces sortes de terreins ne sont guère sujets aux moulières que pendant l'Hiver ; mais on les épuisera toujours par les moyens que je viens d'indiquer.

CHAPITRE VIII.

Des Potagers.

ON s'imagine aſſez ordinairement que pour rendre les potagers fertiles, il faut leur donner beaucoup d'eau, & leur procurer une grande quantité de fumier. C'eſt une erreur; car les ſols des jardins ſont à peu-près ſemblables à ceux des terres propres à être labourées, c'eſt-à-dire, bons, médiocres ou mauvais : ce qui eſt occaſionné par l'embarras où l'on ſe trouve ſouvent de ne pouvoir choiſir la nature de la terre que l'on voudroit mettre en potager, attendu qu'on eſt obligé de prendre celle qui eſt la plus commode & la plus à portée du Château ou de la maiſon qu'on veut habiter, comme on a fait au Château de Belle-Fontaine. Le jardin de cette terre ne contient guères que deux arpens. Quand j'en ai pris poſſeſſion en 1759, plus de la moitié étoit un ſol caſſe, glutineux & plein de glaise. Aussi cette partie étoit-elle alors en friche. Je l'ai arrangée de la même façon que les terres labourables qui étoient de la même nature, à l'exception de la marne que je n'ai point fait entrer dans les engrais que j'y ai mis. Je me suis contenté d'y faire transporter pendant la gelée, ou dans d'autres tems qu'on ne pouvoit pas faire d'autres travaux, du bon gazon un peu sablonneux, de la terre neuve noire qui étoit sous les fumiers de basse-cour, de la terre lateuse, froide & humide, avec du fumier bien consommé. Par le moyen de ces différents engrais, le sol du jardin s'est trouvé si ameubli, que les pois, les feves, & les autres légumes sont venus en abondance, y ont beaucoup grainé, & ont eu un bien meilleur goût que tous ceux qui ne venoient auparavant dans la partie qui étoit cultivée, qu'à force de fumier & d'eau. On comprendroit difficilement, sans l'expérience, combien ces différens engrais empêchent la terre de se secher; ce qui est bien essentiel dans les endroits où l'eau est rare en Eté. Que je connois de jardins dont le terrein eſt rempli de gravier, de cailloux & de ſable! Ceux qui les poſsèdent, font des dépenſes conſidérables pour y conduire des eaux & des fumiers de toute eſpèce. Les mains d'œuvre y ſont multipliées à l'excès pour arroſer. Mais que réſulte-t-il de ces arroſemens trop fréquens? Une perte preſque totale de ces fumiers; car l'eau paſſant au travers de ces ſels, comme dans une fontaine ſablée, quelquefois même avec plus de précipitation, en entraînent dans les fonds tous les ſels & tous les ſucs. Tout devient alors infructueux pour le propriétaire, & l'argent immenſe qu'il a dépenſé, & les travaux & les peines du jardinier. Au lieu qu'il ſe ſeroit épargné les frais & la peine, s'il avoit fait tranſporter dans ſon potager des terres neuves, du gazon, & un peu de fumier analogue à la terre qu'il vouloit mettre en état de produire.

J'en fais de même, proportion gardée, pour les arbres fruitiers. Quand je veux en planter contre quelque mur, je fais faire une tranchée & bien défoncer le terrein, je la remplis enſuite des mêmes engrais, après quoi on y met les arbres. Les pêchers que j'ai fait planter de la ſorte, ont plus profité en deux ans, que ceux qui avoient été mis en terre ſix ans auparavant dans le même ſol, mais ſans avoir pris les mêmes précautions que je viens d'indiquer. On retirera les mêmes avantages, ſi on plante de la même façon les pommiers & les poiriers, & les autres arbres à fruit dans les plattes-bandes du jardin. Les fruits en ſeront bien meilleurs, & en plus grande quantité, que ſi on n'y mettoit que des fumiers de baſſe-cour; qui ne ſervent ſouvent qu'à brûler le ſol qu'on enſémence ou qu'on plante, ſuivant les différentes natures de la terre. On doit auſſi mettre un peu de marne dans de bons fonds, comme dans les terres fortes, franches, à blanc limon, noires, meubles, lateuſes, froides & humides. Car en vain diroit-on que la marne faiſant, pour ainſi dire, produire la terre malgré elle, elle épuiſe en peu d'années tous les ſels & tous les ſucs qu'elle renferme, ou les deſſéche, de façon qu'on ne peut plus rien en tirer. J'ai l'expérience du contraire depuis 1740.

J'en ai fait marner jusqu'à deux fois qui rapportent constamment de très-bonnes récoltes; & je suis certain qu'elles ne diminueront jamais, parce que j'aurai soin d'en entretenir les sels & les sucs par les différens fumiers des basses-cours, par les différentes terres neuves que j'ai déja désignées, ou par tout autre engrais analogue. Au reste, il paroît que ceux qui font le raisonnement que je combats, ne savent pas qu'il y a diverses sortes de marnes. Les unes sont très-grasses, les autres le sont moins, & d'autres qui sont si seches, qu'elles n'ont que les sels nécessaires pour exciter ou provoquer la végétation de la terre. Ces dernières néanmoins mêlées avec différens fumiers de basse-cour, & des autres engrais dont j'ai parlé, donneront de très-bonnes productions, soit en légumes, soit en fruits, soit en grains. Ces différentes productions seront même plus de garde, que celles que l'on aura recueillies dans d'autres terres qui n'auront pas été préparées comme je l'enseigne. D'où vient cela? C'est qu'elles auront une meilleure qualité; j'excepte cependant de ces engrais les fumiers des bergeries, les crotins de pigeon, & le parc; parce qu'ils opèrent, à peu de chose près, les mêmes effets que la marne.

Il y a un autre moyen de faire du fumier, qui convient encore beaucoup mieux aux potagers & aux vignes, que tous les fumiers de basses-cours, qui ne brûlera jamais comme ces derniers le font quelquefois, ni les plantes, ni les fruits. Il consiste à faire un lit de bonne terre de quatre à cinq pouces d'épaisseur, long & large d'environ deux toises plus ou moins. On fait dessus un lit de fumiers différents de trois à quatre pouces de hauteur. On continue de même jusqu'à ce que le tas soit élevé à quatre ou cinq pieds. On arrose ensuite cette terre & ce fumier avec de l'eau de mares, ou de celle que l'on prend dans d'autres endroits où il s'en trouve qui y croupissent, jusqu'à ce qu'ils ne fassent plus qu'un seul corps ensemble, & qu'on puisse le couper avec la bèche. Transportés après cela dans un potager ou dans des vignes, ils produiront toujours beaucoup plus d'effet que tous les fumiers des basses-cours ; & l'engrais en durera bien plus long-tems. Aussi ai-je vû des vignerons qui avoient ainsi fumé leurs vignes, avoir une pleine vendange, tandis que les autres, au milieu desquels ils se trouvoient, n'avoient qu'une demi-année tout au plus.

CHAPITRE IX.

Des précautions qu'on doit prendre pour mettre en ſûreté les grains dans les granges.

N'AYANT point eu juſqu'à préſent occaſion de parler de ce que l'on doit faire pour garantir dans les granges les grains qu'on y renferme, des différentes vermines qui les y dévorent annuellement, je crois devoir indiquer ici les moyens dont j'ai fait uſage pour y réuſſir. Ils ſont des plus naturels, quand les granges ſont ſolidement bâties, & d'une matière un peu plus dure que celle qu'on emploie aſſez ordinairement en Picardie. Quel eſt en effet la cauſe du dégât qu'y font les rats, les ſouris, & les charanſons? Il n'y en a point d'autres, la plûpart du tems, que la négligence du Fermier ou du Propriétaire. Entrés dans leur grange, qu'y voyez-vous? Une infinité de trous dans l'aire, dans les travées, & dans les murs, qui ſont autant de forts inacceſſibles dans leſquels ſe retirent toutes ces vermines pour ſe mettre à l'abri des pourſuites qu'on pourroit en faire. Lorſque je ſuis entré dans la Ferme de Belle-fontaine, j'ai trouvé les granges dans ce triſte état. Les rats & les ſouris y avoient formé des eſpèces de terriers, dans leſquels ils faiſoient leurs petits. Ils en ſortoient par bande pour aller dévorer la récolte, & y tranſporter leurs proviſions. Je ſuis enfin venu à bout de les détruire, & voici de la manière que je m'y ſuis pris. J'ai fait enlever de l'aire & de toutes les travées au moins un pied de terre, que l'on a conduite dans les jachères. A peine pourroit-on croire combien nous avons fait périr de rats, de ſouris, de charanſons dans cette opération. Les mêmes tombereaux qui tranſportoient les terres dans les champs, en rapportoient des pierres & des cailloux pour remplir les creux qu'on avoit faits dans la grange. Après les avoir fait bien arranger à plat, on a jetté deſſus de la chaux mêlée avec du ſable. Cet eſpèce de maſtic a lié enſemble les pierres & les cailloux. On a bouché ensuite bien soigneusement avec la même composition tous les trous des murs. J'y fais depuis ce tems bien entasser mes récoltes sans la moindre perte, tandis qu'elle avoit été très-considérable pour le Fermier en 1758: car il y avoit dans les souterrains que les vermines avoient formés, plus de quarante bichets de bled qu'elles avoient mangés, & au moins plein un tombereau de charansons, que j'ai fait brûler. Tous les fourages de la grange étoient infectés par l'ordure de toutes ces vermines.

Pour faire périr les charansons à Ville-parisis, j'ai fait enduire de chaux vive les murs, les travées, & l'aire de la grange, & j'en suis venu à bout. Quand il n'y en a point une trop grande abondance, il n'est question que de bien nettoyer la grange : couper après cela quelques gerbes de bled de la récolte qu'on est sur le point de commencer, & les étendre le long des murs. Dès le lendemain tous les charansons y seront rassemblés. On prend pour-lors un drap sur lequel on secoue chaque gerbe. Tous les charanſons tombent deſſus. L'on porte le drap dans la cour où les poules mangent cette vermine avec avidité. On place enſuite ces gerbes dans la grange comme la première fois. Vous n'aurez pas réitéré cette opération quatre à cinq fois, qu'il n'y aura plus de charanſons. On croit aſſez communément que cet inſecte fait plus de bien que de mal, quand on entaſſe le bled trop humide, qu'elle l'empêche d'y germer ; qu'il eſt même plus aiſé à battre. Je n'ai jamais fait cette expérience, parce que dans aucun tems je ne me ſuis mis dans le cas de faire une récolte qui pût germer dans la grange ; ce qui eſt de très-grande conſéquence : car il eſt très-certain que du bled germé & chaufouré ne peut que nuire à la ſanté de ceux qui mangent le pain qu'on en fait, & que les pailles qui ſentent le relant, cauſent des maladies aux animaux qu'on en nourrit.

Pour bien entaſſer les avoines dans les granges, il faut les délier, & les étendre également ſur le tas. On les garantit par cette façon de les arranger, des vermines qui ne peuvent y pénetrer. Le grain y acquiert une qualité qu'il ne peut avoir quand on le laiſſe en gerbe, & il entre dans une ſeule travée ce qui en rempliroit deux; car les gerbes n'ayant point aſſez de longueur pour pouvoir les joindre auſſi exactement que le bled, il ſe trouve dans tous les rangs des vuides dans leſquels ſe gliſſent les rats, les ſouris qui y font un dégât conſidérable.

De tout ceci il réſulte qu'il ne faut que de l'attention pour bien cultiver les terres, en connoître la nature, les engrais qui leur ſont propres, & les ſaiſons pour les travailler à propos. On retirera de ces connoiſſances de très-grands avantages. Les Fermiers, qui la plûpart du tems ſe ruinent dans les terres dont ils ſe chargent, s'y enrichiront indubitablement. Animés par l'eſpoir d'un gain qui ne pourra leur échapper, ils ſe porteront avec plus d'ardeur au travail qu'ils auront ſoin de multiplier à proportion qu'ils verront que les peines qu'ils ſe donneront, ne ſeront pas tout-à-fait ſtériles.

Après tout ce que l'on vient de voir, comment pouvoit-on aſſurer l'année dernière que tout étoit dit ſur l'Agriculture, & qu'il falloit ſe méfier de ce que devoient avancer les Auteurs qui donneroient dans la ſuite leurs productions ſur cette matière? Pour moi, je penſe qu'il vaut beaucoup mieux ſe méfier de ces Auteurs qui s'annoncent avec tant d'années d'expérience, & qui n'apportent en preuve de ce qu'ils débitent, que les expériences des autres, ou qui les veulent critiquer avant d'avoir lû les Ouvrages qu'ils doivent donner ſur l'Agriculture.

Quoique par ma Lettre du 10 Avril 1764, je n'aie point annoncé l'article ſuivant, je crois devoir le placer ici à cauſe de l'utilité qu'on en retirera pour l'Agriculture.

CHAPITRE X.

De la main d'œuvre.

RIEN de plus néceſſaire, ſur-tout pendant la moiſſon, que la main d'œuvre. Si on ne multiplie, pour ainſi dire, alors les bras, rarement les ouvrages ſont conduits à leurs perfections. Les récoltes ſont ſouvent perdues en partie ou dépériſſent; & les terres qu'on doit diſpoſer pour recevoir la ſemence, ſont négligées. Très-ſouvent même les vignes en ſouffrent. Il ſeroit néanmoins aiſé d'éviter ces inconvéniens; car au lieu d'occuper tant de monde à la garde ou à la levée des dîmes & des champarts qui ſont ſi onéreux au public, il faudroit donner en argent ou en grains aux gros Décimateurs & aux Seigneurs, à peu-près la valeur de ce qui doit leur revenir, tous frais faits. Dans cette hypothèſe combien de perſonnes ne pourroient-elles pas être employées plus utilement?

Car dans une Cure à peu-près de 1200 liv. où le Curé a la dîme, il lui faut trois calvaniers, un charretier, une charrette, & deux chevaux. Il faut au Seigneur ou Fermier un homme qui aille marquer les gerbes qu'il veut avoir. Voilà donc au moins cinq personnes qui travailleroient au bien général, s'ils n'étoient pas à celui de deux particuliers.

Les gros Décimateurs au reste & les Seigneurs gagneroient à cet arrangement, puisqu'ils n'auroient plus à craindre aucune intempérie de l'air, & qu'ils éviteroient les embarras & la grosse dépense que leur donne ordinairement le tems de la moisson. Le Laboureur y trouveroit aussi son compte; car sans faire aucuns frais de plus, ils profiteroient de la dépense que les Seigneurs & les gros Décimateurs sont obligés de faire pour recueillir ce qu'ils ont droit de percevoir. D'un autre côté le Fermier ne craignant plus de voir dans son champ des étrangers avides de ce qu'il y a de meilleur, & de ce qu'il a eu tant de peine à faire

faire produire, ſe livreroit au travail avec plus d'ardeur & de zèle, & ſeroit diſpenſé de payer une perſonne pour veiller à ce que l'on ne lui enlève rien au-delà de ce qu'il doit.

FIN.

TABLE DES MATIERES.

FIN DE LA TABLE.

Approbation du Censeur Royal.

J'Ai lû par ordre de Monseigneur le Vice-Chancelier un Manuscrit intitulé, *Agriculture expérimentale, par M. Sarcey Desutieres, &c.* & il m'a paru que son dessein de chercher plutôt à perfectionner les anciennes pratiques qu'à en inventer de nouvelles, étoit rempli de la manière la plus satisfaisante, & étoit celui dont on pouvoit se promettre le plus d'utilité. A Paris ce 26 Février 1765.

ROUSSELET.

PRIVILEGE DU ROI.

LOUIS, par la grace de Dieu, Roi de France & de Navarre: A nos amés & féaux Conseillers, les Gens tenans nos Cours de Parlement, Maîtres des Requêtes ordinaires de notre Hôtel, Grand-Conseil, Prévôt de Paris, Baillifs, Sénéchaux, leurs Lieutenans Civils, & autres nos Justiciers qu'il appartiendra, SALUT. Notre amé le sieur Claude-Jean-Baptiste HERISSANT, Libraire & Imprimeur à Paris, Nous a fait exposer qu'il désireroit imprimer & donner au public un Ouvrage qui a pour titre, *Agriculture expérimentale, par M. Sarcey Desutieres*, s'il Nous plaisoit lui accorder nos Lettres de Privilége pour ce nécessaires. A ces causes, voulant favorablement traiter l'Exposant, Nous lui avons permis & permettons par ces Présentes d'imprimer ledit Ouvrage autant de fois que bon lui semblera, de le vendre, faire vendre & débiter par tout notre Royaume pendant le tems de six années consécutives, à compter du jour de la date des Présentes. Faisons défenses à tous Imprimeurs, Libraires, & autres personnes, de quelque qualité & condition qu'elles soient, d'en introduire d'impression étrangère dans aucun lieu de notre obéissance; comme aussi d'imprimer ou faire imprimer, vendre, faire vendre, débiter ni contrefaire ledit Ouvrage, ni d'en faire aucun extrait sous quelque prétexte que ce puisse être, sans la permission expresse & par écrit dudit Exposant, ou de ceux qui auront droit de lui, à peine de confiscation des exemplaires contrefaits, de trois mille livres d'amende contre chacun des contrevenans, dont un tiers à Nous, un tiers à l'Hôtel-Dieu de Paris, & l'autre tiers audit Exposant, ou à celui qui aura droit de lui, & de tous dépens, dommages & intérêts; à la charge que ces Présentes seront enregistrées tout-au-long sur le Registre de la Communauté des Imprimeurs & Libraires de Paris, dans trois mois de la date d'icelles: que l'impression dudit Ouvrage sera faite dans notre Royaume, & non ailleurs, en bon papier & beaux caractères conformément à la feuille imprimée & attachée pour modéle sous le contre-scel des présentes: que l'Impétrant se conformera en tout aux Réglemens de la Librairie, & notamment à celui du dixiéme Avril 1725. qu'avant que de l'exposer en vente, le manuscrit qui aura servi de copie à l'impression dudit Ouvrage, sera remis dans le même état où l'Approbation y aura été donnée, ès mains de notre très-cher & féal Chevalier Chancelier de France, le Sieur Delamoignon; & qu'il en sera ensuite remis deux Exemplaires dans notre Bibliothéque publique, un dans celle de notre Château du Louvre, un dans celle dudit Sieur Delamoignon, & un dans celle de notre très-cher & féal Chevalier Vice-Chancelier & Garde des Sceaux de France, le Sieur de Maupeou; le tout à peine de nullité des Présentes. Du contenu desquelles vous mandons & enjoignons de faire jouir l'Exposant ou ses ayans cause pleinement & paisiblement, sans souffrir qu'il leur soit fait aucun trouble ou empêchement. Voulons que la Copie des Présentes, qui sera imprimée tout-au-long au commencement ou à la fin dudit Ouvrage, soit tenue pour duement signifiée; & qu'aux Copies collationnées par l'un de nos amés & féaux Conseillers & Secrétaires, foi soit ajoutée comme à l'original. Commandons au premier notre Huissier ou Sergent sur ce requis, de faire pour l'exécution d'icelles tous actes requis & nécessaires, sans demander autre permission, & nonobstant Clameur de Haro, Charte Normande, & Lettres à ce contraires: Car tel est notre plaisir. Donné à Paris le vingtseptiéme jour du mois de Mars, l'an de grace mil sept cent soixante-cinq, & de notre Régne le cinquantiéme. Par le Roi en son Conseil.

LE BEGUE.

Registré sur le Registre XVI. de la Chambre Royale & Syndicale des Libraires & Imprimeurs de Paris, N°. 526. fol. 281. conformément au Réglement de 1723. A Paris ce 5 Avril 1765.

LE BRETON, Syndic.

ERRATA.

PAge 2. lig. 29. Morel, *lisez* Moret.
5. lig 20. donne, *lisez* leur donne.
14. lig. dern. n'ont, *lisez* n'ont eu.
18. lig. dern. qu'en, *lisez* que.
19. à la note, lig. 2. au gros bétail, *lisez* ou gros méteil.
20. lig. 22. des terreins, *lisez* dans des terreins.
23. lig. 25. éxigent, *lisez* éxigeoient.
29. lig. 16. lui ſont, *lisez* lui ſoient.
33. lig. 20 & 21. de le, *lisez* de la.
54. lig. 8. certains, *lisez* certaines.
56. lig. 6. antre, *lisez* autre.
Ib. lig. 18. ces ſillons, *lisez* les ſillons.
58. lig. 23. qu'on le ſcie, *lisez* qu'on les ſcie.
60. lig. 15. de plus de beſoin, *lisez* le plus de beſoin.
61. lig. 17. augmente, *lisez* augmentent.
62. lig. 17. relant, *lisez* relent.
69. lig. 2. & qui, *lisez* & qu'ils.
76. lig. 10. leurs pieds, *lisez* leur pied.
95. lig. 18. nis, *lisez* nids.
107. lig. 10. de ces ſels, *liſ.* de ces ſols.

LETTRE

DE M. SARCEY DESUTIERES,

CI-DEVANT GENTIL-HOMME SERVANT DU ROI,

A M. TH. ***

DOCTEUR DE LA FACULTÉ DE MÉDECINE DE PARIS, ET MÉDECIN CONSULTANT DU ROI,

Sur plusieurs objets d'Agriculture, & principalement sur la cause la plus fréquente des maladies des bestiaux.

VOus avez désiré, Monsieur, que je donnasse au Public les Observations que l'expérience & mon goût pour l'Agriculture m'ont fournies sur cet Art si nécessaire. Vous me citiez un beau passage de Celse.* Vous croyez que l'Agriculture & la Médecine se doivent prêter des secours mutuels pour la conservation & l'augmentation de notre espèce. Je me suis rendu à vos sollicitations, Monsieur, & je vais publier le résultat des faits que m'ont fournis plus de vingt années d'expérience. Permettez que je vous donne ici une idée générale de mon Ouvrage; cela suffira pour vous prouver que je n'ai négligé aucune des questions importantes que vous m'avez faites sur les maladies des bestiaux, sur celles des bleds, & sur tous les moyens de faire prospérer l'Agriculture.

Je commence par les maladies épidémiques des bestiaux. Je fais voir qu'en général ils n'en sont affligés, que parce qu'on les conduit souvent dans des pâturages sur lesquels les influences de l'air, les vapeurs & les exhalaisons de la terre ont déposé une sorte de venin visible, qui a plus ou moins de malignité relativement aux saisons, aux climats & aux circonstances des lieux & des temps.

Les prés artificiels, tels que la luzerne, le sainfoin, le trefle, sont plus susceptibles que les autres de l'impression de ce venin; parce que leurs feuilles plus larges, plus épaisses & plus dures que celles des prés naturels, le conservent plus long-temps. Conséquemment il y a toujours des

---

* Ut alimenta sanis corporibus Agricultura, sic sanitatem ægris Medicina promittit. *A. Cornel. Celsus, in Præfat. Lib. I. de Medicina.*

es beſtiaux pâturer dans ces ſortes de prés, ſur-
ɔtembre juſqu'à la fin de Mars : ſaiſons où les
ces de l'air & les vapeurs de la terre ſont plus
eux que dans d'autres temps. Je démontre l'inu-
artificiels, & combien ils ſont préjudiciables dans
: Royaume, & encore plus dans le Nord.
mon Ouvrage, Monſieur, les moyens que j'ai
r dans tous les temps les beſtiaux de toutes ces
iments que je leur ai fait donner, & qu'ils m'ont
coltes, ſoit par l'attention que j'ai toujours eue de
niquer avec les beſtiaux malades de mes voiſins.
, Monſieur, que la chair de ces animaux infectée
ſont la cauſe d'un grand nombre de maladies
munes dans nos campagnes : auſſi en verrez-vous
es dans mon Ouvrage.
découvertes ſur les engrais que l'on peut ſubſti-
ue les moyens de les appliquer à chaque nature
manière j'ai fait labourer, ſemer & arranger
ui m'a toujours produit des récoltes plus abon-
itants du même pays, quoique mes terres ſoient
parle des moyens que j'ai employés pour garan-
& empêcher l'yvraie & autres mauvaiſes graines
s.
e mauvaiſes que ſoient nos terres, même celles de
ut, en y employant les engrais convenables, les
ter, comme dans la France, la Brie & pluſieurs
qui m'a toujours procuré une double récolte.
tré une méthode ſure pour mettre une récolte
s différentes ſaiſons.
i fait pour garder des bleds pendant quatre à
ue aucun frais, & ſans en altérer la qualité, ni la
peuvent après cet eſpace de temps ſervir à la
d'une nouvelle récolte. J'indique les moyens que
re ſains & améliorer tant les prés bas que les
beſoin d'y faire mettre ni fumier, ni engrais au-
ture procure à ces ſortes de prés.
e j'ai fait faire pour les différents défrichements,
er, ni altérer les ſucs & les ſels, & les produits

Enfin je publie tous les moyens dont je me ſuis ſervi, pour faire perdre les ſources & moulières qui ſe trouvent quelquefois dans les terres, ainſi que pour détruire toutes les vermines qui mangent une grande partie des récoltes, & celles dont les granges ſont ordinairement infectées, comme les rats, ſouris, mulots, charanſons.

J'ai l'honneur d'être, &c.

Vû l'Approbation, permis d'imprimer, ce 10 Avril 1764.

DE SARTINE.

De l'Imprimerie de Cl. Herissant, rue neuve Notre-Dame.

www.ingramcontent.com/pod-product-compliance
Ingram Content Group UK Ltd.
Pitfield, Milton Keynes, MK11 3LW, UK
UKHW031912260826
14628UKWH00003B/1142

9 782329 521138